《生态文明和绿色发展》丛书

国家社科基金项目"协同推进新型工业化、信息化、城镇化、农业现代化和绿色化的政策研究"（16BJL051）

生态环境空间管控的探索与实践

Exploration and Practice of
Ecological Environment Space Governance

江 河／王 依◎主编

闫 楠／杜 淼／李 义／崔佳禹／龚继冬◎副主编

经济管理出版社
ECONOMY & MANAGEMENT PUBLISHING HOUSE

图书在版编目（CIP）数据

生态环境空间管控的探索与实践/江河，王依主编 . —北京：经济管理出版社，2019. 12

ISBN 978 - 7 - 5096 - 4350 - 1

Ⅰ. ①生…　Ⅱ. ①江… ②王…　Ⅲ. ①生态环境—环境管理—研究　Ⅳ. ①X171. 4

中国版本图书馆 CIP 数据核字（2019）第 255487 号

组稿编辑：申桂萍
责任编辑：梁植睿
责任印制：黄章平
责任校对：张晓燕

出版发行：经济管理出版社
　　　　　（北京市海淀区北蜂窝 8 号中雅大厦 A 座 11 层　100038）
网　　　址：www. E - mp. com. cn
电　　　话：（010）51915602
印　　　刷：三河市延风印装有限公司
经　　　销：新华书店
开　　　本：720mm×1000mm/16
印　　　张：9. 5
字　　　数：129 千字
版　　　次：2019 年 12 月第 1 版　　2019 年 12 月第 1 次印刷
书　　　号：ISBN 978 - 7 - 5096 - 4350 - 1
定　　　价：48. 00 元

目　录

第一章　生态环境空间管控

党的十八大以来，我国国土空间开发和保护进入了新时代。党的十九大报告指出，要"统一行使所有国土空间用途管制和生态保护修复职责"，要"构建国土空间开发保护制度，完善主体功能区配套政策"。

新时代，空间管控是生态环境保护的新视角，更是生态环境保护的新抓手，要大力推进生态环境空间的分区管控、分级管理，严格实施生态环境功能区划。

《"十三五"生态环境保护规划》将"坚持空间管控、分类防治"列为基本原则之一，要求：生态优先，统筹生产、生活、生态空间管理，划定并严守生态保护红线，维护国家生态安全。建立系统完整、责权清晰、监管有效的管理格局，实施差异化管理，分区分类管控，分级分项施策，提升精细化管理水平。

一、切实加强生态空间管控[*]

为完善主体功能区战略，中央提出要按照陆海统筹原则，科学划定生态空间、农业空间、城镇空间和生态保护红线、永久基本农田、城镇开发边界的空间格局，更是明确提出要按照生态功能极重要、生态环境极敏感，需要实施最严格管控的要求，科学划定陆域生态保护红线，按照最大程度保护生态安全、构建生态屏障的要求，划定陆域生态空间，这对于切实加强生态空间管控，提升生态空间规模质量指明了方向。

生态空间具有必需性，是不可或缺的，如果缺失，会导致空间秩序紊乱。加强生态空间管控，就要在将国家和省级主体功能区生态环境格局在市县层面落地的基础上，制定生态空间、生态环境保护清单，推动生态环境保护清单式管理，纳入地方党委政府综合决策。编制实施生态环境管控方案，城乡规划、土地利用规划应与之全面衔接，将生态环境管控方案作为市县"多规合一"空间规划的基础和重要组成。国家定期发布主体功能区生态环境质量报告书，县（市、区）公开年度主体功能区生态环境保护工作和生态环境质量信息，纳入地方生态文明建设考核。制定主体功能区生态空间规模质量标准体系，生态空间规模质量不达标的县（市、区）要编制生态空间规模质量达标计划，并将实施情况纳入中央环保督察。要划定并严守生态保护

---

* 秋缬滢. 以最严管控提升生态空间规模质量［J］. 中国环境管理，2018（1）：7.

红线，制定生态保护红线准入清单，建设国家生态保护红线监测网络与监管平台，建立生态保护红线生态补偿制度，开展生态保护红线的保护修复，建立生态保护红线常态化执法机制。

生态空间容易因为功能型规划而导致空间功能单一与局限，所以提升生态空间规模质量是解决局限的重要路径。从规模上，就是通过直接扩大某种功能空间的面积来实现，主要有：一是空间开发，对既有空间进行功能型的利用和开发；二是空间功能回归，强制剔除非规划性或非科学性功能，实现空间最佳功能的回归；三是空间功能转换，为满足现实需要并在条件允许的情况下，将既有某种功能性空间转化为更能满足需要的另一种功能性空间。从质量上，即在既定空间面积不变的情况下，通过扩展或提升空间的使用效度或效能来实现实质性提升：一是空间功能优化，根据空间特点，赋予最佳的安排，避免空间资源的无效配置或过度配置；二是空间布局优化，合理布局并充分利用好最能发挥功能性的最佳位置；三是空间功能复合，使同一空间中承载可兼容性的多种功能，并且这种复合性功能承载不会带来彼此功能的削减。

要加强各级党委政府对生态空间管控的统筹规划和组织领导，建立健全主要领导负总责的领导体制和协调机制，研究制定生态空间管控实施方案及组织体系。建立健全国家、省、市、县相关部门之间信息互通、资源共享、协调联动的工作机制。鼓励企业和公众参与生态空间管控。要建立健全实施监督评估制度，积极运用大数据和人工智能等新技术，定期以县域为基本单元开展生态保护红线、生态环境质量、生态产品供给能力监测评估及生态环境承载能力预警分析。要建立健全实施考核奖惩机制，推动差异化生态环境质量和工作绩效考核体系建设，将评估结果纳入地方各级人民政府政绩考核。建立健全职责明晰、分工合理的环境保护责任体系，对违反生态空间管控要求、造成生态破坏的部门、地方、单位和有关责任人员，依法依规追究责任，构成犯罪的依法追究刑事责任。要加强法制和标准体系保障，在相关生态环境保护法律法规修订中纳入针对生态空间管控的规定，加强与生态空间管控要求相适应的环境监管执法能力建设，实施常态化环境监管和执法，开展中央环保督察和专项巡查，支持运用人工智能技术发展生态空间精细化生态环境管控技术。

二、环境管理的新视角：从空间管控出发*

通过比较研究可以看到，新古典资源配置理论、科斯经济学等资源环境经济学理论更多关注稀缺资源的有效配置和如何避免资源、环境遭受更为严重的损害，而从"地理学第一定律"（地理事物或属性在空间分布上互为相关，存在集聚、随机、规则分布）出发就可发现，在地理空间上共同运行的经济活动、资源系统、生态环境系统一直以来都在不断地演变并相互影响。

法国著名的哲学家、社会学家、新马克思主义空间理论的奠基人列斐伏尔提出，空间生产不只是在空间内部的物质生产，还包括空间自身的生产。空间生产理论是现代政治经济和社会理论"空间转向"的标志性起点，为协调经济发展与环境的关系开启了新的窗口，对加强环境空间管控有重要的启示。

（一）空间管控——环境管理的新机遇

（1）随着工业化和城镇化的快速推进，人类活动已成为环境污染和生态破坏的首要因素。人口和经济要素的空间分布决定了污染物的空间分布，在大气、水、土壤等环境要素的交错作用下，各类污染物的降解、扩散、汇聚和复合本身具有鲜明的空间特征。特别是城市化进程中越来越多的流动人口

---

* 秋缬滢. 空间管控：环境管理的新视角［J］. 环境保护，2016（15）：9–10.

和工业企业集聚到发达地区的大城市及其周边，使这些地区不但成为生产集聚和消费集聚的中心，也成为污染集聚的中心。2014年，我国660个城市中占比不到5%的4个直辖市和27个省会城市，人口和GDP分别占全国的17%和34%，工业废水和废气排放量均占全国的17%。另外，我国很多地区生态严重破坏，也往往是由于脆弱的生态系统遭到了人口超载和资源开发造成的威胁。可见，人口和经济的空间分布与环境问题具有高度的空间关联性。考虑到环境污染与社会经济要素的空间耦合性以及环境污染在时间上的潜伏性和持续性，绝不可能通过静态、均一的管理手段来解决环境问题，只有深刻洞察其时间动态和空间分异，运用空间管理的思维和工具，才能够使之得以有效解决。

（2）人口与经济的集聚促使生活污染与工业污染排放增大，却也为实现治污减排的规模效应和整体规划创造了条件。纵观工业革命以来世界城市发展的历史，现代生产方式的变革使城市的功能和形态发生了巨大变化，由农业经济时代因商品交换而形成的集镇变成今天人口、产业、交通、基础设施等各类要素高度聚合的空间实体。伴随城市空间自身生产规模的不断扩大，因人口集聚造成的生活污染以及因经济集聚造成的生产污染的集中排放成为城市环境治理的重点，污染源的多样性和脆弱性载体的空间集中，埋下环境隐患还使得环境风险大大增加。城市地区的污染如果得到弹性空间管控，将会有效规避环境问题，这是因为城市具有较大的人口集聚规模，可以规划建设更加完备的集中处理设施，避免环境设施的重复建设，提高治污设施的运行效率，降低单位污染的治理成本，实现治污的规模效应。此外，集聚还有利于各种技术和模式的创新。因此，空间集聚对于环境保护来说是把"双刃剑"。研究观测表明，空间集聚强度与环境污染之间的总体关系表现为一条倒"U"形曲线：当人口和经济要素由分散转为集聚时，环境污染会不断加剧，而当超过了一定的门槛时，要素的空间集聚则有助于治污减排。一些学

者将这种现象称为"门槛效应",并据此主张要大力提升空间集聚水平来抑制环境污染。其实,倒"U"形曲线的背后是高度集聚的城市地区现代化环境管理理念的进步和环境空间管控水平的提升,是环境与社会经济统筹发展的必然结果。

(3) 实现社会、经济、环境等在空间上的统筹和协调,建设空间规划体系的重要性凸显。我国规划种类繁多,部门分割情况严重,亟待通过整合实现"多规合一"。根据我国空间规划的总体部署,国家已在全国及省级层面开展主体功能区划的工作,针对不同区域的资源环境承载力、现有开发密度和发展潜力,将国土空间划分为优化开发、重点开发、限制开发和禁止开发四类主体功能区,为分类分区细化各个区域的发展目标和施行不同的空间管控政策提供了基础依据。然而,由于空间规划体系建设滞后,主体功能区规划在落实的过程中仍面临很多与其他规划的协调问题。如果不能明确各类规划之间的空间关系、优先顺序和整合方式,主体功能区的空间指导性和约束性作用就不能得到充分发挥,而且还会与现有规划产生新的冲突、矛盾。可见,主体功能区规划自身并不是万能钥匙,"多规合一"将是形成社会经济发展与生态环境和资源承载力相适应的国土空间格局的突破口。空间规划体系建设的情势对环境保护管理部门是个很好的机遇,需乘势而上,积极参与"多规合一",明确生态环境保护规划和环境功能区划在国家空间规划体系中的定位,为空间规划重叠冲突、部门职责交叉重复、地方规划修改频繁等问题提出破解之道。

面对以上这些前所未有的需求,我们不得不从空间视角全方位、立体化地考虑环境问题,而新型环境管理的出路,就是环境空间管控。

(二) 空间管控——环境管理的新思维

(1) 空间是一种生产资料。当前,人类社会已普遍进入城市的社会,其标志就是由从前那种"空间中的生产"转变为"空间的生产"。人们需要生产更多的空间以满足急剧膨胀的城市所需。同时，伴随着空间生产的扩张，环境污染的源头更广、影响和扩散范围更大、控制难度更高。从空间治理的角度，要想对投入空间生产资料后产生的副产品进行有效的规制，就要管住环境污染的范围。这正是生态保护红线的目标所在，不仅要从纵向上，依次制定针对大气污染、噪声污染、土壤污染、水污染的防治政策和工具，或者从横向上，制定跨境污染防治与联合治理的激励政策、成本分摊方法和利益共同体原则，而且要从空间上将纵横向管理工具结合起来，将生态保护红线内外空间的投入视作对不同地域空间实施调控的要素，充分利用这一新的政策工具，做好乘除法，提高空间产出效率，降低空间排污强度，解决纵向污染和横向污染无法单独解决的问题。生态保护红线为构建结构完整、功能稳定的生态安全格局提供了保障，也为各地区依照主体功能区定位和生态系统完整性的原则进行合理的开发和保护提供了准绳。

（2）**空间是一种政治工具**。国土空间是一个国家最重要的政治工具，它使得国家可以利用空间区划确保对地方实施有效控制，同时保证各个地方责任、权利和义务进行合理区隔。同样，空间也是环境管理最重要的政治工具，国家按照各个地区的生态特征和功能定位，利用空间区划工具确保对各个地区环境污染排放实施有效控制，同时使各个地区以区划为依据实施治污减排。在国家实施环境管理的各种空间手段中，划定生态保护红线是重要手段之一。生态保护红线以系统完整、强制约束、协同增效、动态平衡、操作可达为目标，提出了自然生态服务功能、环境质量安全、自然资源利用等方面的标准，确定了严格保护环境的空间边界与管理限值。根据不同地域的生态特征和环保要求，生态保护红线划定了环境管理的空间区划和边界，由此打破了行政区划对污染治理的空间制约，实现了以生态特征为依据、以环境质量为标准、以环境诉求为准绳的环保空间新区划，将环境污染控制、环境质量改善和环境风险防范有机衔接起来，确保环境质量不降级，并逐步得到改善。

（3）**空间是协调生产关系的重要手段**。生产关系是人们在物质生产和再生产过程中结成的生产、分配、交换、消费的关系体系。生产力决定生产关系，生产关系反作用于生产力。适应生产力发展要求的生产关系促进生产力发展，而不适应生产力发展要求的生产关系，如无法提供良好生态保障的环境管理制度，将会阻碍生产力发展。因此，自古以来，调节生产关系以适应并促进生产力发展是政府执政的核心。空间则是协调生产关系的重要手段。一个地区空间生产不足直接表现为空间范围内要素回报率的上升，即工资上涨、利润上升，这时，这个地区就会吸引人口与产业的输入与集聚，通过城市化与经济集聚促进生产力发展。当空间生产过度时，直接表现为空间范围内要素回报率下降。如果空间过度生产造成的环境污染和其他城市病严重降低空间范围内人们的总体效用水平，一些人经过成本收益的权衡后就会离开；空间的过度生产还会引起更大地域范围内要素资源的争夺，厂商利润下降，加之环境规制的逐渐严苛，一些企业就会另行选址或被动"疏解"。可见，空间生产不足时，要积极引导要素的空间集聚，进而有效促进生产力发展；当空间生产过度时，要积极推动要素的空间疏解，进而改善不合理的生产关系。

（4）**空间管控是机遇**。污染物具有复杂的空间结构、物理层级和相互作用，其治理也远非单一的纵向手段或横向手段就能解决。能否同时解决空中的、地上的、地下的、水里的污染，避免不同污染物之间产生物理和化学反应，在环保投入有限的情况下选择污染治理的优先顺序等，每一个问题对未来的环境管理都是巨大的挑战。回顾20世纪80年代以来我国环境管理走过的路程，从对主要污染物排放进行管理（如总量减排）、对环境要素进行管理（如《水十条》《气十条》《土十条》），再到对环境空间进行管控（如编制城市环境总体规划、探索"多规合一"、划定生态保护红线），环境管理已经从数量视角、要素视角逐步跃升至空间视角。在空间视角下，环境管理的范围更广，这为各种环境政策工具的实施提供了大有作为的广阔天地，也有利于充分发挥环境政策的空间效应，更有助于环境空间分类管控。

（三）空间管控——环境管理的新途径

（1）**主体明确、权责利明晰是环境空间管控之基。**对一个地区来说，环境污染治理伴随着巨大的责任以及相应的空间和各种其他资源的投入。但是，如果空间对象没有明确的主体约定、政府没有清晰的责任和权利界定，环境治理的成效就会泛化，让其他人"搭便车"，政府就会缺乏主动进取的积极性。对于环境空间管控网格也是如此，如果没有明确的权利范围的空间界定，就难以调动管理主体的积极性，对主体的投入进行补偿也缺乏标准，必然导致对空间资源不负责任的滥用。因此，环境空间管控应建立在管理单元的产权登记和有偿使用的基础之上。

（2）**对某一空间范围内的全要素管理是环境空间管控之本。**以往的环境管理往往是以单一污染物为着眼点，尽管严格，但无法对某地区的环境保护工作做出全面、系统把握。这就好比对现实复杂世界的单因素数学建模，要做许多假设和抽象，但解释力度不够。以全要素为对象的环境空间管控则更像是涵盖尽可能多变量的神经网络模型，虽然分析复杂一些，但充分考虑变量之间的相互影响，更接近现实。

（3）**开放、统筹的全域化管理是环境空间管控之要。**正如在经济管理中，行政区划的分割有可能造成重复建设、同质发展和恶性竞争，山水相连、污染相互传播的环境空间管控更是如此。因此，以个别空间为对象的环境空间管控难以奏效，只有形成"全国一盘棋"的全域化、网格化环境空间管控、预警、协调机制，共享蓝天、共担风险、共负责任，才能从根本上解决环境邻避效应。

综合经济、社会、人口发展的全方位管理是环境空间管控之道。如前所述，通过空间集聚效应和疏解效应的作用，空间要素的投入已成为人口与产业空间分布的调节器，由此也成为解决环境空间问题的重要手段。因此，应该利用"多规合一"这个难得的历史契机，积极推动城市环境总体规划、环境功能区划、生态保护红线与主体功能区划、城市规划和土地利用规划的融合，实现全方位的环境空间管控。全方位的环境空间管控对中国环保人提出了巨大挑战，这要求我们不仅懂环保，还要通人口、晓经济、知社会，做一个有社会情怀、不唯环保的环保人。

三、严格实施环境功能区划*

主体功能区战略，是加强生态环境保护的有效途径；环境功能区划，是落实主体功能区战略的具体行动。2011 年，国务院印发了《关于加强环境保护重点工作的意见》和《国家环境保护"十二五"规划》，将编制环境功能区划提升到重要位置，成为主体功能区战略的重要内容。5 月 24 日，习近平总书记在中央政治局第六次集体学习时的讲话，对推进和实施环境功能区划作了具体部署，这是使我国走上科学发展轨道的一项重要战略举措。

（一）深入理解环境功能区划的内涵

深入理解和准确把握环境功能区划的内涵，是推进环境功能区划工作的重要前提。环境是自然界的存在状态，功能是事物能够提供的服务、发挥的效能，区划是进行状态调整、过程控制和政策安排的工具。环境功能是环境各要素及其组成系统为人类生存、生活和生产提供服务和使用价值；环境功能区划就是对区域环境功能的整体性、长期性、基本性问题进行思考、考量和设计而形成的工作部署和实施方案，并伴随着城市经济社会发展和环境保护的进程不断完善的一项工作。

环境，一般是指影响人类生存、发展的各种天然的和经过人工改造的自

---

* 董伟. 严格实施环境功能区划 保障区域生态安全［J］. 环境保护，2013（20）：47 – 52.

然因素的总体，包括大气、水、海洋、土地、矿藏、森林、草原、野生生物、自然遗迹、人文遗迹、城市和乡村等。环境功能属性具有健康保障和资源供给两方面：一方面保障与人体直接接触的各环境要素的健康，即维护人居环境健康；另一方面保障自然系统的安全和生态调节功能的稳定发挥，构建人类社会经济活动的生态环境支撑体系，即保障自然生态安全。环境功能区划重点关注环境为人类生存发展提供清洁的水、干净的空气、稳定的自然生态系统等健康保障属性。国土空间是人类赖以生存和发展的基础。一定尺度的国土空间都具有多种环境功能，但其中必有一种是主导功能。人类提出加强环境功能维护，便是实施环境功能区划，是随着人们处理与自然界关系的实践不断发展、认识不断升华的产物。

从区域发展定位、资源环境禀赋差异出发，制定有区别的区域规划，实施一系列有区别的政策，自 20 世纪 20 年代开始就进行了实践和理论的探索，逐步成为世界各国政府调控区域发展的重要战略。早期重点是编制和实施有区别的城市规划和工矿区规划，中期重点转向通过实施规划着力促进工业区域建设和缩小区域差距，近期则从单纯经济开发规划向社会综合开发控制规划转变，更为突出综合统筹。80 年代后，可持续发展概念逐步深入区域发展的各个方面，出现了明显的绿色化和差别化取向，特别是世界上很多国家以不同方式开展了环境分区管理，并进行了实践尝试。1987 年，水生态功能区划在美国得以应用，此后在奥地利、澳大利亚、英国和欧盟地区得到进一步实施；1989 年，美国学者 Bailey 在研究美国和北美生态区域的基础上，编制了世界各大陆的生态区域图，用气候影响因子划分全美生态大区，以局域地形、植被、土壤的分布状况对大区进行细化。之后，生态功能区划先后在加拿大、荷兰和新西兰等国得到实施；在大气环境功能区划方面，以美国的《清洁大气法》中的空气质量控制区为典型，制定不同的环境标准来实行分区管理。

促进区域协调发展，是我们党和国家的一贯方针。根据不同时期需要，党中央、国务院审时度势、高瞻远瞩，确立了区域发展总体战略，做出了一系列重大决策，并制定了相应政策措施。20世纪六七十年代，将全国划分为一线、二线、三线，80年代提出沿海与内地以及东中西三大经济地带概念，21世纪以来形成了东部、中部、西部、东北四大战略区域，区域发展协调性不断增强，各地区经济平稳快速发展，基础设施加强，社会事业全面进步，能源资源节约和生态环境保护取得进展，人民生活水平明显改善，但区域发展中仍然存在有待解决的矛盾和问题，一些地区开发强度超过资源环境承载能力，一些地区发展潜力还没有充分发挥，经济布局和人口分布不尽合理，区域公共服务差距仍在扩大，为此，迫切需要根据不同区域的资源环境承载能力、现有开发密度和发展潜力，确定主体功能定位，统筹谋划全国经济布局、人口分布、资源利用、环境保护和城镇化格局，明确各地开发方向，控制开发强度，规范开发秩序，完善开发政策，逐步形成可持续发展的国土开发格局，2010年国务院印发了《全国主体功能区规划》，作为我国国土空间开发的战略性、基础性和约束性规划，按照优化开发、重点开发、限制开发和禁止开发四类主体功能区制定了差别化的区域政策和绩效评价体系，深刻体现了区域可持续发展理念。

主体功能区战略，突破了行政单元的区划约束，统筹了经济、人口和资源环境因素，赋予了区域发展更加丰富的内涵。虽然主体功能区规划是落实了"保护中发展"，但对于"发展中保护"缺乏顶层设计，对开发中如何保护区域的主导环境功能和资源环境要素，怎样进行空间布局的合理配置和不断提升生态服务能力，安排不够全面、深入，管理措施被动、单一，是"结果补救型"而不是"预防导向型"，是事后、被动的、后置的，而不是事前预防的、主动的、前置的，缺乏一个具有空间开发全局协调性、资源环境引导统筹性和基础要素强制约束性的环境管理的顶层设计，避免区域开发造成环境管理事后、末端、补救的局面。因此，区域开发的环境管理要向前端推进，突出预防重于应对、规划区划引领管理，编制从要素处理、综合治理到社会管理，从要素末端到源头、过程、末端的全过程，发展到环境基本公共服务的规划区划成为迫切需要，环境功能区划应运而生，更是成为贯彻"发展中保护"的重要落地措施。

国土是生态文明建设的空间载体。通过推进经济、社会、环境建设，坚持尊重自然、城乡统筹、区域协调、合理布局、节约土地、集约发展的原则，合理配置产业、人口、基础设施、公共服务设施等经济社会要素，促进资源、能源节约和可持续利用，保护和改善生态环境，实现这些目标和任务，需要在环境方面做出主体功能区战略落地的顶层设计和总体安排，环境功能区划就是在国土空间开发格局尺度上推进生态文明建设的生动实践和丰富探索。可以说，环境功能区划是我们在加快推进国家主体功能区战略进程中为加强环境保护顶层设计而率先提出的，揭示其本质、丰富其内涵，把它作为一项重要环境战略予以推行，是环保部门参与综合决策的又一重要举措，对于我国环境规划理论方法体系创新具有里程碑作用，更是在探索环保新路中的创举。

所谓环境功能区，是按照国家主体功能定位，依据自然环境的空间分异规律、生态重要性和承载能力判定每个主体功能区的环境功能，对主体功能区按环境主导功能最大化和"不欠新账、多还旧账"进行空间划分而形成的借以实行分类管理的区域生态管控措施的特定空间单元。环境功能区划是主体功能区战略关于生态环境保护领域政策要求的延伸，是促进国土空间高效、协调、可持续开发的一项基础性环境制度，是环境管理走向源头控制、精细化管理的理论基石，更是积极探索环保新路的重大创新实践，必将为保障空间开发秩序规范、空间开发结构合理、区域更加协调发展提供环境支撑和基础保障，并给予环境以人文关怀。

准确把握环境功能区的分类及其含义。按环境功能的不同，以四类主体功能区为基础，可分为自然生态保留区、生态功能保育区、食物环境安全保障区、聚居环境维护区和资源开发环境引导区五类；按层级可以划分为国家和省级两个层面。①自然生态保留区对应的是主体功能区规划中的禁止开发区域，包括依法设立的各级各类自然文化资源保护区域，以及其他需要特殊保护、禁止进行工业化城市化开发的重点生态功能区，主要环境功能是维持区域自然本底状态，维护珍稀物种的自然繁衍，保障未来的可持续发展。②生态功能保育区对应的是主体功能区规划中限制开发区域的重点生态功能区，包括生态系统脆弱或生态功能重要、资源环境承载能力较低、不具备大规模高强度工业化城镇化开发的条件，必须把增强生态产品生产能力作为首要任务，从而应该限制进行大规模高强度工业化城镇化开发的地区，主要环境功能是维持水源涵养、水土保持、防风固沙、维持生物多样性等生态调节功能的稳定发挥，保障区域生态安全。③食物环境安全保障区对应的是主体功能区规划中限制开发区域的农产品主产区，即耕地较多、农业发展条件较好，尽管也适宜工业化城镇化开发，但从保障国家农产品安全以及中华民族永续发展的需要出发，必须把增强农业综合生产能力作为发展的首要任务，从而应该限制进行大规模高强度工业化城镇化开发的地区。主要环境功能是保障主要食物产区的环境安全，防控食物产品对人群健康的风险。④聚居环境维护区对应的是主体功能区规划中的优化开发和重点开发区域，优化开发区域是经济比较发达、人口比较密集、开发强度较高、资源环境问题突出，应该进行优化开发的城市化地区。重点开发区域是有一定经济基础、资源环境承载能力较强、发展潜力较大、集聚人口和经济条件较好，应该进行重点开发的城市化地区。主要环境功能是保障主要人口集聚地区环境健康。⑤资源开发环境引导区对应的是主体功能区规划中的能源和矿产资源富集地区，是能源、矿产资源集中连片开发地区，主体功能定位实行"点上开发、面上保护"，主要环境功能是保障资源开发区域生态环境安全。

正确理解以下几点特别重要：①从环境管理的节点来看，环境功能区划服务于国土空间开发管理，相比传统的环境管理偏重于企业的达标排放以及产品的生态设计，管理节点进一步前移，是应对当前结构性环境污染严重的重要举措之一；②从环境管理的思想来看，环境功能区划与主体功能区规划一脉相承，是主体功能区战略的环境管理具体实践，通过区分主体功能、优化空间结构、分区控制分类管理来推动形成良性的生态安全格局，支撑健康的城镇化格局和农业生产格局，促进经济社会环境的协调发展，是主体功能区规划在环境领域的延伸；③从环境管理的内容来看，环境功能区划的制定，将有利于分区制定环境功能保护、恢复、修复和合理利用的政策措施，环境管理的针对性更强，更能反映实际工作的需要，是环境管理制度的进一步深化。从划分的五个类型区看，可大致分为两类：一类是为国民经济的健康持续发展提供基本生态安全保障，包括自然生态保留区和生态功能保育区，构成国家生态安全战略格局；另一类是以保障区域人居环境健康为主，包括重点食物环境安全保障区、聚居环境维护区和资源开发环境引导区，是承载我国主要人口分布和经济社会活动的区域，通过采取不同生态保护与建设措施，可加快促进国家主体功能区的形成，这有助于创新区域调控理念和调控方式，调整国土空间开发思路和开发模式，形成科学的国土空间开发秩序，尤其要正确处理好主体功能区战略与环境功能区划的关系。主体功能区战略是加强生态环境保护的有效途径，主体功能区规划是国土空间布局规划，反映了未来国土开发活动的基本依据，具有基础性、战略性、约束性的特征，是其他各类空间规划的上位规划。环境功能区划是在区域主体功能定位的背景下，环保部门落实主体功能区规划要求，促进形成以主体功能区规划为基础、以各类空间规划为支撑，定位清晰、功能互补的国土空间开发规划体系的一项具体工作。要在坚持主体功能区战略的基础上，前瞻性、全局性地谋划环境功能区的发展，制定好主体功能区规划与环境功能区划之间衔接配套的政策体系。

编制实施环境功能区划，是全国主体功能区规划的落实和细化，主要目的是以尽可能少的资源消耗、尽可能小的环境代价支撑发展，核心问题是处理好格局、布局、目标和管理问题。格局包括城市化地区、农产品主产区和重点生态功能区三大格局，布局涉及产业布局、人口布局及生态保护布局等，目标是针对每个环境功能区制定不同的环境保护目标，管理就是为实现环境保护目标而要采取的各项环境管理政策措施。环境功能区划是指导、调控国土空间经济社会发展与环境保护的总体安排，经法定程序批准的环境功能规划是编制近期环境保护规划、详细规划、专项规划和实施区域环境管理的法定依据，是引导和调控区域经济社会发展，保护和管理资源环境的重要依据和手段，也是环境保护参与经济社会综合型战略部署的工作平台，立足点和着力点是限制、优化、调整、落地，是从环境资源、生态约束条件角度为区域开发方向、开发程度提出限制要求，是资源环境承载力约束下的经济发展规模与结构优化，是基于生态适宜性的经济布局优化调整，通过划定并严守生态红线限制无序开发，把每项要求落实到每个地块、每个区域、每个重点源，促进精细化、规范化管理。

环境功能区划的特征。**一是战略性。**在立足于解决当前业已存在的重大环境问题的同时，密切关注未来可能出现的生态和环境问题，着眼于满足区域开发和生态环境建设对区域可持续发展支撑的战略需求，并做出相应的政策取向判断，制定环境管理分阶段战略。**二是引导性。**大力倡导绿色经济和循环经济理念，加强环境污染源头预防和全过程控制，对重点地区和敏感区域划定区域环境风险红线，实行红线控制，努力以环境保护引导和推进经济增长方式转变、产业结构升级和布局优化，构建符合区域环境功能的发展基础框架。**三是约束性。**强化资源环境承载力硬约束，明确生态功能、环境功能分区，强化自然资源的有序开发和合理利用、重点区域生态环境保护及环境风险防范体系建设，建立生态环境预警系统，从决策源头降低经济增长的资源和环境代价。**四是强制性。**通过采取严格的环境管理措施来维护，限制或禁止开发活动或提高门槛。

我们要推进的环境功能规划，是主体功能区战略的重要组成部分，编制实施环境功能区划，要牢牢坚持以人为本、界定环境主导功能、优化资源环境配置、保障人居健康、提供生态产品和提高生态服务功能六个理念，对于优化经济发展、改善环境质量、保障民生必将发挥重要作用；是从源头上落实主体功能区规划进行环境管理的顶层设计，科学分析、准确把握、提前预防生态环境建设与保护中存在和可能出现的问题，统筹谋划、研判提出环境管理对策和措施，坚持预防为主，有效防治出现风险和问题后再去补救、治理和堵塞，坚决做到不欠新账，促进人与自然和谐共处、良性互动、持续发展；是为所在区域的环境管理工作找到坐标、明确目标、查找问题、提出对策。因此，环境功能区划既是破解经济社会发展面临的资源环境管理约束和瓶颈问题的有力手段，更是大胆探索保障区域开发不造成新的环境问题、解决老的环境问题，从提高竞争力、满足幸福度、加强公共治理的角度把环境保护融入区域发展战略中，真正实现环境管理转型，从而使环境功能区划不但成为经济社会发展的必需，而且成为经过努力可以实现的选择。

（二）充分认识实施环境功能区划的战略重要性与现实紧迫性

环境功能区划是关系我国推进经济社会发展，落实环境优先、生态优先，形成人口、经济、资源环境相协调的国土空间开发格局的一项重要工作，我们必须从全局和战略高度，充分认识坚持推进环境功能区划的战略重要性与现实紧迫性。

第一，严格实施环境功能区划是推进生态文明建设，探索环境保护新路

的重要举措。空间结构是经济结构和社会结构的空间载体，在一定程度上也决定着发展方式及资源配置效率。在实施区域发展战略过程中，我们不断探索国土空间开发规律，成效显著。但由于多种因素的影响，国土空间开发利用中也存在一系列问题，突出表现在：空间结构不合理，经济分布与资源分布失衡，生产空间特别是工矿生产占用空间偏多，生态空间偏少；生态系统整体功能退化，一些地区不顾资源环境承载能力肆意开发，许多国土成了不适宜人居的空间；经济布局、人口布局与资源环境失衡，一些地区超出资源环境承载能力过度开发，带来水资源短缺、地面沉降、环境污染加剧等问题。显然，旧的开发理念不改变、开发模式不转换，资源承受不了，环境容纳不下，发展难以为继。要通过实施环境功能区划，把国土空间开发的着力点放到调整和优化空间结构、提高空间利用效率上，按照生产发展、生活富裕、生态良好的要求，逐步扩大绿色生态空间、城市居住空间、公共设施空间，保持农业生产空间，工业化和城市化要建立在对资源环境承载能力的综合评价基础上，合理压缩工矿建设空间和农村居住空间。

第二，严格实施环境功能区划是加快实施主体功能区战略，加强国土开发环境保护的必然要求。实施环境功能区划，是适应我国国土空间开发需要和资源环境特点的必然要求。特定国土空间的资源禀赋和环境功能，既是经济社会发展的支撑条件，又是经济社会发展的限制因素。国土空间开发，必须与环境功能和资源环境特点相适应。我国国土空间的环境功能具有多样性、非均衡性、脆弱性三个突出特点。这些特点表明：①不是所有的国土空间都适宜大规模、高强度的工业化城市化开发，必须根据其自然环境属性，合理有序开发。②虽然我国国土辽阔，但人口众多，人均拥有的资源环境承载力大、适宜工业化城市化开发的国土空间并不多，必须节约集约开发。③不是所有国土空间都可以承担同样的环境功能，必须因地制宜，区分功能，分类开发。要根据国土空间的不同特点，以保护自然生态为前提、以资源承载能力和环境容量为基础进行有度有序开发，走人与自然和谐发展道路。实施环境功能区划，加快实施主体功能区战略，遵循经济规律和自然规律，从政策上促进人口分布与经济发展相适应，经济分布与资源承载力相适应，着力构建"两屏三带"为主体的生态安全战略格局，把国家生态安全作为国土空间开发的重要战略任务和发展内涵，充分体现了尊重自然、顺应自然的开发理念，是实现中华民族永续发展的必然要求。

第三，严格实施环境功能区划是坚持以人为本，促进经济社会健康发展的现实需要。实施环境功能区划，是实现科学发展的重大举措。首先，有利于全面贯彻落实以人为本的发展理念。我国区域发展的差距，不仅表现为各地区人均可支配财力的不平衡，而且表现为人均环境公共服务的差距。实施环境功能区划，就是要坚持以人为本，摒弃"只见物、不见人"的发展理念和模式，实现人口、经济、资源环境的协调，在满足物质需要的同时满足人们对环境、生态、健康等多方面需要，逐步实现公共服务均等化，最终实现共同富裕。其次，有利于促进城乡、区域的协调发展。长期以来，我们实行以行政区为单元推动经济发展的方式，这是造成经济增长与资源短缺和生态环境容量矛盾的重要原因。主体功能区战略就是要树立按区域谋划发展的理念，突破地区壁垒和行政分割，为将这些安排落到实处，就需要推进环境功能区划，以资源环境禀赋和环境功能为基础，合理引导不同区域产业相对集聚发展、人口相对集中居住，促进经济社会和人口资源环境相协调，促进生产要素空间优化配置和跨区域合理流动，形成区域分工协作、优势互补、良性互动、共同发展的格局。再次，有利于推进经济发展方式转变、加快结构优化升级。目前，资源与环境状况对全国以及各地经济发展已经构成严重制约。一些地区超强度开发，一些城市"摊大饼"式地发展，超过了当地资源环境承载能力。全国 656 个城市中，有 400 多个城市缺水，110 个城市严重缺水，水资源制约问题十分突出。在一些重要生态功能区、生态脆弱地区、风景名胜区，也存在盲目开发的现象，造成河湖干涸、土地沙化、生态退化，使国家和地区生态屏障遭到破坏。实施环境功能区划，就是要通过明确不同区域的环境功能，使所有地区都根据功能定位因地制宜，根据经济、人口、资源和环境条件优化经济布局，这既有利于把转变发展方式的各项要求落到实处、解决过度开发隐患，也有利于促进经济发展方式转变，提高资源空间配置。最后，有利于提高经济社会永续发展的支撑能力。不顾资源环境条件的无序发展和杀鸡取卵、竭泽而渔的过度开发，已经造成一些地方严重的环境污染、生态破坏和资源枯竭，不利于产业结构和布局结构的优化，不利于经济增长质量和效益的提高。实施环境功能区划，就是要在前瞻性地谋划好我国未来陆地国土空间和海洋国土空间分布的基础上，与资源环境现状和潜力相协调，保护好环境主导功能，把该开发的区域高效集约地开发好，把该保护的区域切实有效地保护好，使有限的国土空间不仅成为当代人的发展基础，也成为后代人的发展基础。

第四，严格实施环境功能区划是提升环境管理水平，进行科学调控的重要基础。实施环境功能区划，是加快实施主体功能区战略的重要内容，有利于建立健全科学的环境管理监管体系，为实施差别化的区域环境政策、统一衔接的规划体系、各有侧重的绩效评价以及精细及时的空间管理提供了一个可操作、可控制、可监管的基础平台。一是政策平台。在原有的区域政策基础上，明确不同区域的环境功能，可以为各项环境管理政策措施提供一个统一公平的适用平台，大大增强环境管理政策措施的针对性、有效性和公平性。二是规划平台。环境功能区划作为战略性、引导性、约束性、强制性规划，可以为区域环境保护规划、城市总体规划等各类规划提供重要基础和依据，有利于增强规划间的一致性、整体性以及规划实施的权威性、有效性。三是评价平台。不同地区资源环境禀赋和环境功能差异很大，对经济社会发展的制约程度也不同，难以按同一标准去评价。根据环境功能实行各有侧重的绩效评价，可以提高环境绩效评价的科学性和公正性，有利于形成科学有效的激励机制。四是管理平台。可以为建立一个覆盖全国、统一协调、更新及时、反应迅速、功能完善的环境监管系统提供基础平台。如果每一平方公里国土空间的环境功能定位都十分清晰，编制一个电子化的空间规划图，就有可能做到对照规划图在计算机上进行远程管理，而且可以大大降低管理成本。

经济发展、社会进步同生态环境保护是一个有机的整体。经济发展是中心和基础，社会建设是支撑和归宿，生态环境保护是根基和条件。坚持推进环境功能区划，做好生态环境保护的顶层设计，发挥引导作用，就能够正确处理好人与人、人与自然的关系，形成人与自然和谐相处、经济社会协调发展的新格局。这不仅是对探索中国环保新路的完善、丰富和重大发展，也是对环境管理理念、方法的升华，不仅对经济发展有重大而深远的意义，而且也是对环境保护的重要贡献。

（三）编制环境功能区划的基本原则和重要内容

编制实施环境功能区划，对资源环境开发和经济社会发展进行整体谋划，避免出现布局型、结构型环境问题，保障区域生态安全和人居环境健康，是大力推进生态文明建设，加快形成人口、资源、环境相协调的国土空间开发格局的一项重大任务，涉及面广，技术要求高，政策性强，要作为一件大事切实抓紧、抓好、抓出成效。

编制环境功能区划的工作自 2009 年 3 月开始启动，已经取得了很大进展。国务院有关部门成立了专门的工作领导小组，开展了环境功能区划的内涵特征、技术框架、生态红线划定等基础研究工作，编制完成《全国环境功能区划纲要》和《全国环境功能区划编制技术指南（试行）》等文件，并在13 个省份组织开展了环境功能区划编制试点工作，这为编制好环境功能区划打下了好的基础。

进一步做好主体功能区规划编制工作，必须遵循以下重要原则：一是坚持把尊重自然、顺应自然、保护自然作为本质要求，集聚人口和经济的规模不能超出资源环境承载能力，避免过度开发，着力提高资源利用效率和生态环境质量，形成人与自然和谐发展的经济发展新格局。二是坚持开发与保护并举、把保护放在更加重要的位置，根据环境功能定位，落实区域开发的各项要求，重在合理开发利用和保护资源、保护环境。三是坚持把以人为本、可持续地满足人民群众日益增长的物质文化需要作为出发点和落脚点，突出以人为本的发展要求，持续改善城乡环境质量和保障居民健康，满足城乡居民享有优美宜居环境的基本权利。四是坚持把建立健全长效机制作为根本保障，把健全法制、强化责任、完善政策、加强监管相结合，形成区划实施的激励和约束机制；把深化改革、严格管理、技术进步相结合，形成推进区划实施的创新驱动机制；把政府推动、市场引导、公众参与相结合，形成区划实施的推进机制。当前和今后一个时期，推进环境功能区划重点要做好以下工作：

第一，不断建立健全长效工作机制。在目前正在修订的《中华人民共和国环境保护法》中，明确规定"根据国家主体功能区规划，组织编制国家环境功能区划，在重要生态功能区、陆地和海洋生态环境敏感区、脆弱区划定生态红线，严格实施生态红线管理制度"，探索建立国家主体功能区规划、经济社会发展规划与环境功能区划的紧密衔接、信息共享的联动机制，在区域开发规划、城镇化规划等相关规划编制、城市基础设施建设和土地开发利用等重大安排中，要把环境功能区划的相关要求作为重要依据和必要支撑，予以充分采纳，推进绿色发展。

第二，加强环境功能区划技术支撑体系研究。环境功能区划编制是一项创新性很强的工作，必须深入研究、科学制定。要广泛动员自然科学、社会科学等多学科力量，充分借鉴国外先进经验，深化对环境功能区基础理论、评定方法、政策措施和体制机制等方面问题的研究。要深入基层调查研究，了解情况，解决问题，努力提高区划的科学性和有效性。要集中力量突破区域人口资源环境承载能力评价技术方法和经济社会生态效益综合评价技术方法、资源消耗上限和生态环境容量底线评价技术方法、基于主体功能区定位的环境功能区划技术等关键问题，研究提出基于环境功能区的环境质量基准确定办法、基于环境功能区的污染排放标准和总量控制限值确定办法、基于环境功能区的分区环境风险管理办法，在试点实践的基础上，研究出台环境功能区划编制技术规范，建立一套科学的环境功能区划技术支撑体系。总结上述要点，出台《基于环境功能区的红线划分标准与管理导则》。

第三，逐步完善环境功能区划实施管理制度。环境功能区划是从环境功能角度落实主体功能区战略的政策实践和手段创新，是对主体功能区战略的丰富和拓展，是以环境保护优化经济增长、推动可持续发展的重要抓手和主要措施。要研究制定基于环境功能区划的环境准入制度、环境影响评价制度、环境质量考核制度、污染排放标准制度、总量控制制度、环境转移支付制度等重大环境管理制度和政策，编制《基于环境功能区划的环境管理制度导则》，加强对环境功能区划编制、审查和实施的管理，建立环境功能区划实施的调度、评估和考核机制，提高区划编制水平和加大实施力度。

第四，着力开展生态红线的划定与管理支撑制度的科技攻关。生态红线是环境功能区划的一项重要制度安排，是在进行环境功能区划时确定的对保障国家和区域生态安全、提高生态服务功能具有重要作用区域的边界控制线。要组织高层次专家进行集中研究攻关，研究和论证哪些要列入生态红线，提出环境质量、污染排放、总量控制、生态环境风险等具有约束力的红线管控体系划分方法和管理技术要点，形成一套相对完善、可操作性强的生态红线划分、测定与评估的方法，保障国家和区域生态安全，提高生态服务功能。严格实施环境功能区划，划定并严守生态红线，事关国家长远发展，事关人民群众切身利益。应坚持正确的舆论导向，通过多种方式大力宣传编制实施环境功能区划的重要意义和紧迫性，宣传区划的指导原则、重点任务和政策措施，在全社会形成广泛共识，以得到广大人民群众的理解和支持。

四、推进城镇、农业、生态空间的
科学分区和管治的思考*

党的十九大报告指出，"必须坚持节约优先、保护优先、自然恢复为主的方针，形成节约自然和保护环境的空间格局、产业结构、生产方式、生活方式，还自然以宁静、和谐、美丽"，这为生态环境空间治理指明了方向，建立健全统一衔接的空间规划体系，提升国家国土空间治理能力和效率是我国深化体制改革的一项重点任务。在未来的国家空间管治大局中，科学合理的空间类型与空间单元划分必将成为最基础、最关键的工作，唯此，才能更精准地锚定空间管治对象，采取更精细化的管治措施。

（一）生产空间、生活空间、生态空间的模糊性

1. 新经济驱动的城镇化发展使得生产空间和生活空间日益混合

城镇化是人类通往现代化的必经之路，人口和经济向城镇空间聚集也是一条基本规律，而城镇化与工业化相辅相成，始终是融为一体、相互促进的过程，既然很难区分生产和生活空间，也就不应该从这一维度上进行划分。1933 年，《雅典宪章》提出居住与工作是城市的两大基本功能，生产活动和

---

* 纪涛，杜雯翠，江河. 推进城镇、农业、生态空间的科学分区和管治的思考 [J]. 环境保护，2017（21）：70 – 71.

生活活动应是人类在特定时空环境中同时存在的两种行为，只是具体内容与形式有所差别。因此，很难将生产与生活在某一时空环境中分而待之，更不能割裂地处置它们，否则将可能引发城市无法正常运行的后果。现实中，存在着不少因为人为地划分生产和生活功能区，而导致职住分离、钟摆通勤等城市运行突出矛盾。随着互联网经济的发展，孕育产生了很多新业态，这些产业对土地需求出现了颠覆性变化，对独立生产空间的需求越来越弱，生产空间和生活空间的界限进一步消弭，而且这不是孤立的、少量的现象，众创空间所折射出的生产空间生活化、生活空间生产化已经成为一种趋势。

2. 产城融合、职住均衡使得生产空间和生活空间紧密相连

产城融合是城市化和工业化发展到成熟阶段的必然产物，一方面，工业化的发展需要城市功能的同步提升，从而实现工业发展所需要的各类要素的不断集聚。例如，美国匹兹堡曾经是污染很严重的老工业区，城市功能不断衰败，城市发展受到制约，最终通过注入科技教育等新兴产业，提升城市创新功能，才使得自身重新获得了新的发展活力而转型成功。另一方面，城市发展也需要产业功能的支撑，从而避免成为一个空城、死城、睡城、鬼城，以获得可持续发展的动力，例如依托纺织业发展又衰退的曼彻斯特等都是产业发展制约城市发展的鲜活案例。可见，城市的兴衰与产业的发展紧紧相连，生产空间与生活空间也必然渐渐融合。可以说，没有一个空间是生产频繁、生活低调，也没有一个空间是生产消沉、生活繁荣的，只有通过产城融合才能实现产城共荣。因此，生产和生活的紧密相连是发展趋势，也是历史必然，这也正是无法按照生产空间和生活空间进行分类区划的原因所在。要想通过空间规划手段来实现对国土空间的开发利用和保护进行有效管治，各类空间的外延应该有十分明晰的界定，不能出现交叉和重叠。

3. 经济结构的多元化和城乡生活方式的差异化使得城乡生产、生活和生态空间的污染特征和环境功能属性特征越加复杂

从产业结构看，生产活动既包括以面源污染为主的农业生产，也包括以点源污染为主的工业生产，农业空间既具有粮食生产的功能，也具有生态系统服务的功能。从环境治理的角度来看，针对不同的污染类型和环境功能，要采用不一样的环境政策。长期的城乡二元结构使得我国城市与农村的环境问题存在很大差异。在城市，生活污染主要来自汽车尾气、生活污水、工地噪声、冬季采暖等；在农村，生活污染则主要来自禽畜粪便与生活垃圾。可见，同样作为生活污染却在城乡之间差异巨大，如果将这两者都划分到生活空间，则实现不了空间划分、分而治之的效果。

（二）科学划分城镇空间、农业空间、生态空间的意义

1. 城镇、农业、生态的空间划分是遵循城镇化发展与人地共生关系的科学规律

我国的工业化发展已经进入中后期阶段，城镇化进程相对滞后许多，而且区域之间很不平衡。尽管改革开放以来，我国的城镇化率已经由 1978 年的 17.92% 激增至 2016 年的 57.35%，但这与全球其他中高收入国家的城镇化率相比还是低的。2015 年，美国的城镇化率是 81.62%，英国的城镇化率是 82.59%。在未来很长一段时期，城镇化仍将是我国现代化进程的主要方向。以往 40 年的城镇化进程中我国走过不少以环境换发展的弯路，在新的历史时期，为避免城镇化进一步发展和国土空间开发带来的环境破坏和生态压力，必须坚持生态优先，不走老路。因此，通过科学的规划把国土空间划分为城镇、农业、生态空间，通过严格的空间管控措施引导其集约高效利用和保护，符合经济社会发展的历史规律，符合人工系统与自然系统耦合共生

的天人合一规律，也满足了环境治理的现实需求。

2. 城镇、农业、生态的空间划分与满足人民群众不同层次的功能性需求紧密相连

人类社会是在与自然界不断交互作用的过程中实现发展的，对于自然资源的获取和配置都需要服从并服务于人的生存和发展。现代社会无论科技多么发达，生产力水平如何先进，人类的基本需求还是相对稳定的，首先要能够呼吸新鲜的空气、饮用干净的水，其次需要充足的食物，最后要有相对稳定舒适的居住环境，而这些衣食住行的需求都需要相应的空间资源予以保障。这些都是最根本的民生福祉，有了这些才能谈到人的发展，开展多姿多彩的生产生活。对于生活在城镇和农村地区的人们来说，构成其福祉的因素是不同的。相应地，我们必须要划分与之相匹配的城镇、农业和生态空间，以此满足人民群众不同层次的功能性需求。

3. 城镇、农业、生态的空间划分使得落实国土空间管控的技术政策路径清晰起来

党的十八届五中全会明确指出，要以主体功能区规划为基础统筹各类空间性规划，推动"多规合一"。2010年底国务院印发的《全国主体功能区规划》提出了我国国土空间开发的三大战略格局，即城市化战略格局、农业战略格局、生态安全战略格局。以主体功能区规划为基础，首先要落实主体功能区的基本理念和战略格局，就是要把三大战略格局在市、县层面精准落地，在把每一块土地是否适宜城镇开发、是否利于农业生产、是否需要生态保护搞得清清楚楚的前提下，将国土空间划分为城镇空间、农业空间和生态空间，这是与主体功能区规划一脉相承的，也是落实建设主体功能区这个经济社会发展和生态环境保护大战略的具体途径。

（三）如何推进城镇空间、农业空间、生态空间的空间分区

1. 在空间分区管治中，必须采用底线思维

只有找到底线，才能了解社会的成本和收益曲线，才能确定最优的公共物品供给量；只有找到底线，才能确定环境保护工作的下限；只有坚持底线思维，才能正确看待环境保护在经济社会发展中的决定性作用；只有坚持底线思维，才能使三个空间共生共荣。

2. 在空间分区管治中，必须抓住核心问题

尽管不同地区的关键问题有所差异，但当前有一些共通的突出问题。城镇空间要抓产业空间的无序扩张和城市开发边界，农业空间要抓耕地和基本农田的保护，生态空间要抓红线的保护。只有这样，才能厘清各类空间的本质问题，找到解决问题的差异化方案；只有这样，才能针对不同空间的本质问题，抓住重点，有的放矢，一一解决；只有这样，才能彻底贯彻全国主体功能区规划，推动"多规合一"向国家空间规划体系整体性治理迈进。

3. 在空间分区管治的过程中，必须注重规划管理平台的建设

构建起我国空间治理的大数据库和案例库，通过历史特征的比对，迅速找到相应问题的解决方案。此外，应注重城镇、农业、生态空间的动态管理，根据发展和管控需求及时调整空间范围和政策工具，让环境治理灵动起来，管而不僵、治而不死，建设人与自然和谐共生的美丽中国。

第二章 生态环境保护规划与"多规合一"

党的十八届五中全会提出要以主体功能区规划为基础统筹各类空间性规划、推进"多规合一"，建立健全统一衔接的空间规划体系，提升国家国土空间治理能力和效率；相应地，2017年1月，中共中央办公厅、国务院办公厅印发了《省级空间规划试点方案》，生态环境保护成为主要空间开发利用布局和重点任务纳入空间规划体系。

2011年原国家环境保护部启动了城市环境总体规划编制工作，2012年开始全国试点；2014年国家发展改革委员会、原国家环境保护部等四部委联合推动市县"多规合一"工作。从城市环境保护总体规划到"多规合一"，从"参与"到"合一"，生态环境空间管控得以纳入国土空间规划体系，成为国土空间优化开发和保护的重要组成部分，也成为新时代生态环境保护的主要抓手。

一、论生态环境保护规划的定位及
"多规合一"的落实*

通过"多规合一"探索和实行生态环境保护规划与国民经济和社会发展规划、城乡规划、土地利用规划的统筹融合，是当前全面深化改革的一项重要任务和完善生态环境保护体制的重要内容。2016年2月23日，中央全面深化改革领导小组第二十一次会议听取了浙江省开化县关于"多规合一"试点情况汇报，为全面推动生态环境保护规划（以下简称"环规"）与其他类型规划在规划内容、空间层次、行政管理等方面工作的融合统筹，确保"环规"的空间性和可操作性，切实提高规划编制的质量和实施效果提供了良机。

（一）以生态环境问题为导向的规划体系的必要性

近年来，我国部分城市不断出现雾霾、水环境和土壤污染、城市"热岛"效应、交通拥堵、资源短缺等"城市病"。人们不禁要问：城市为什么会"生病"？规划在造成和缓解"城市病"的过程中发挥了什么作用？以往都是由社会经济发展规划确定区域发展的人口和经济目标，其他规划只能以此为基础而开展规划活动，被动地从各自角度提方案，往往很难修正经济增

＊　秋缬滢．论生态环境保护规划的定位及"多规合一"的落实［J］．环境保护，2016（13）：48-52.

速、人口发展等目标。在实践中，城市人口和土地利用规模的确定也往往带有一定的随意性，没有充分考虑生态环境的承载能力，缺乏制定有远见的增量规划，导致经济增长模式问题的不断累积。通常，城市规划和土地利用规划都做完了，再由环保部门通过环境影响评价对规划提出调整方案。因此，就出现了生态环境保护规划诊断或城市环境深度设计等说法。

交通拥堵、城市"热岛"效应、大气污染、土壤污染等问题与规划不合理有很大关系，深层次原因就在于在规划编制和实施中对环境问题关注不够，如果在规划初期没有深入的生态环境保护规划与之相配合，即便城市规划和土地规划做得再细、落实得再好，"城市病"也会产生、存在甚至进一步恶化。在国家、区域、城市群或者城市建设、新型城镇化"一盘棋"时，生态环境保护规划同样不能缺位。生态环境问题具有很强的空间联动特征，要想解决雾霾的问题，只能从区域层面着手。而目前"环规"在区域规划和城镇群规划中的实际影响力十分有限，缺乏能够有效约束区域资源开发的指标和抓手。所以，构建以生态环境问题为导向的规划体系十分必要。

在推进城市经济社会加快发展的过程中，经济建设和生态环境承载力的矛盾将日益突出，环境污染和生态破坏逐步显现，必须转变观念，用更加科学的理念和先进的手段谋划城市发展蓝图，更为重要的是要从源头、顶层加强规划制定和实施。要用建设生态文明的战略眼光、战略思维和战略手段，进一步推进和强化"多规合一"工作，从生态环境保护和利用的角度入手，在各个规划层次上，根据资源禀赋与环境条件，决定生产力布局、土地布局与城市格局，维护城市生态安全，优化城市发展环境，保障国家和区域生态安全，提高生态服务功能。

推进"环规"参与"多规合一"，对于优化经济发展、改善环境质量、保障民生具有重大意义，是推进城市生态文明建设顶层设计的关键基础；是从源头上对城市环境治理进行顶层设计，科学分析、准确把握城市生态环境建设与保护中存在的问题，统筹谋划、研判提出环境治理对策和措施，坚持预防为主，有效防治出现风险和问题后再去补救、治理和堵塞，坚决做到不欠新账，促进在城市中人与自然和谐共处、良性互动、持续发展，构建科学合理的城市化格局、生态安全格局，破解不同城市发展阶段中所遇到的"成长中的烦恼"或"成功后的困惑"，推动城市经济社会健康集约发展；是为所在城市的环境管理工作找到坐标、明确目标、查找问题、提出对策，其中坐标要有维度、目标要有高度、问题要有深度、对策要有力度。因此，生态环境保护规划参与"多规合一"，既是适应城市自身发展，更是瞄向区域和潮流，既是破解城市经济社会发展面临的资源环境管理约束和瓶颈问题的有力手段，更是在城市尺度下大胆探索经济社会发展和环境保护的关系，从提高竞争力、满足幸福度、加强公共治理的角度把生态环境保护规划融入城市治理中，真正实现城市环境治理转型，从而使生态环境保护规划不但成为城市经济社会发展的必需，而且成为经过努力可以实现的选择。

（二）"环规"与其他规划的关系

"环规"可以引领地方经济发展方式转型，明确环境保护和经济发展之间的关系，最终达到用最经济的方式解决当前污染问题，避免新的布局性和结构性的环境问题。"环规"包括以下内容：确定中期和长期的环保目标；明确环境工作的重点；确定具体的环保工作指标；从污染物控制角度，结合资源环境约束（水、大气、土壤等的容量和承载底线等）和区域特点（人口规模、产业规模和开发强度等），确定与国家要求相对应的可监测、可评估和可考核污染物减排的目标；设计在发展路径约束下的污染物减排战略路径；结合生态保护红线和环境健康管理对城市进行分区管理，从空间上统筹体现"改善环境"和"支持发展"；确定对大气和水土保护的具体方案和措施，特别是环境基础设施建设和环保重大项目的执行；最终通过"城规"和

"土规"实现落地,实现从空间和产业上引导城市的绿色发展。

理想的"环规"主要是为区域经济社会发展确定"底标",立足统筹平衡区域内各种资源环境要素,把环境保护工作融入区域经济社会发展战略全局,科学谋划、指导和优化区域格局、产业布局,探索空间落地和时间安排,避免空间利用无序、恶性竞争、重复建设、盲目投资等情况的发生,为其他各项规划顺利落地提供基础性指引,逐步形成事先、全面、预防的环境治理新格局,具有战略性、空间性、融合性和协同性的特点,是区域环境治理的基础和重要支柱。

"环规"的基本要求是科学把握城镇化发展规律和走势,借鉴国内外城市规划的先进经验,实现由扩张型规划向集约型规划、功能型规划、效益型规划、人文生态型规划转变,给予城市人文关怀,树立"美丽与发展双赢"的理念,从源头和顶层进行谋划和设计,真正做到"未病先防、已病防变、已变防渐",着力提高规划科学化水平。深入开展城市环境系统解析和中长期环境形势分析,以人为核心,对城市经济社会发展中出现的环境问题要"望闻问切",通过察言观色、闻音问症、号脉辨病找到关键症候,并研究提出解决方案;通过科学合理地配置环境资源,将有限的环境容量配置到最需要发展、最能带动全局发展、最能促进快速发展的区域和行业,推动形成经济、生态、社会效益高的绿色产业格局;将生态环境保护规划与城市经济社会发展的各方面规划相结合,将资源环境目标与经济社会发展目标有机统一,使经济建设和社会发展与资源环境禀赋相适应,使区域发展规划与地区资源环境承载能力相适应,以最小的资源消耗和环境代价换取最大的经济社会效益;还要善用"留白"技法,为生态修复留出更多空间。关键是要实现"五挂钩":生态环境质量同人民群众的期待相挂钩、环境基本公共服务均等化同农业转移人口市民化挂钩、环境污染物排放和环境容量同构建人与自然和谐发展现代化建设新格局挂钩、经济社会发展规模结构效益同资源环境承载能力挂钩、生态环境保护修复程度同生产、生活、生态空间开发管制界限挂钩。

"环规"的主要特点有四个：**一是战略性**。主要体现在宏观层面上对城市环境状况的把握（包括质量、格局、设施等）、重点环境问题的判断、制定差异化的缓解措施，以及作出重大战略部署。**二是空间性**。主要体现在环境资源和服务在空间上的布局及其产生的一系列空间效应，特别是划定并严守生态保护红线，把每项要求落实到每个地块、每个区域、每个重点源，是促进精细化、规范化管理的有效载体。**三是融合性**。"环规"在城市规划体系中要统筹协调、彰显特色、突出抓手、合力推进，要用市场激发经济社会和环保工作的活力；要用行政、技术、法律等手段为城市环境治理工作提供动力；用基于社会的管理机制体制改革把生态环境保护融入城市经济社会管理大局中。**四是协同性**。刚性与弹性结合，突出处理好刚性约束与弹性把控的关系，特别是妥善处理和安排好质量、容量、总量、风险之间的关系，生态保护红线、资源消耗上线和生态环境质量底线等概念范畴与制度安排。结合上述四个特点，"环规"能够较为客观地揭示出城市整体环境的状态和环境功能分区的整体布局。

与之相关的是三大规划（简称"三规"）：国民经济和社会发展规划（简称"经规"）主要是拟定发展速度和一套发展的指标体系，主要解决"定目标"的问题，提供发展的宏观蓝图，并以重大项目作为规划落地的重要抓手，但空间规划技术力量相对薄弱；土地利用规划（简称"土规"）主要是对行政区全域的土地利用性质和土地开发、整治及保护的总体要求作出综合部署，主要是解决"定指标"的问题；城乡规划（简称"城规"）主要针对城市性质、发展目标、空间布局、基础设施建设等作出战略部署和具体安排，旨在描绘城市建设用地的具体性质和开发强度，解决"定坐标"的问题。后两项规划都是对特定空间的功能描述并实施相应的空间部署，而目前生态环境保护规划的空间落地性较差，不能对规划范围内特定空间的功能及其利用方式进行完整的阐述。虽然生态环境规划涉及一些约束性的空间规划内容，但仍然不够系统。

从环保部门的角度来看，"经规"在编制过程中已经将五年生态环保规划主要目标纳入总体目标体系中，这样可能产生的主要问题在于：即便在制定规划过程中生态环境保护目标和经济发展目标是协调一致的，在实施过程中，也有可能由于多种复杂因素的存在和发展过程中的不定性，导致两者最终在目标上出现差异，难以实现环保目标和经济发展目标的统一协调。在规划层级上，"经规"属于指导性规划，具有更高的权威性。而"环规"通常被视为配套规划，即便设立了"环规"的约束性目标，但当经济发展目标与环境目标产生冲突时，通常情况下生态环境保护要让位于经济发展，致使生态环境问题难以得到解决。

"土规"属于空间专项规划，主要解决"定指标"的问题，主要目的是在保护耕地的同时，实现集约用地，保障各类用地在规模和空间上保持合理比例和最优布局，最大限度地实现土地的价值。"土规"虽然属于专项规划，但在"三规"中约束性最强。在空间层面上，"经规"和"城规"都要以"土规"为依据，否则就面临项目因没有土地指标而无法落地的困境。从环保部门角度来看，"环规"与"土规"之间的矛盾相对较小，一般而言，"土规"在编制过程中通常根据土地开发价值及其对生态环境的影响制定土地开发利用等级，已考虑环境保护敏感地区，不会将其作为开发建设用地。水、气环境质量对"土规"的影响较小，未来影响较大的可能是土壤质量问题。"环规"与"土规"在用地规模、用地边界、用地属性、空间布局等方面的融合性较弱。未来可根据农用地的污染程度和建设用地进行适当合理置换，如用部分污染严重的农用地替代质量好的农用地，而纳入建设用地指标内。

"城规"是综合性规划,主要内容包括城市发展定位和目标、城市人口规模、用地规模与布局、功能布局、综合交通、基础设施等一系列安排,为城市的长期发展(一般为20年)及重点项目的空间落地划定了基本空间框架。"城规"与环境保护部门之间的关系本应是非常密切的,实际上,中华人民共和国生态环境部编制要依据"城规"中制定的发展目标和相关任务,作出更细的规划重点、思路指导、工作安排及战略部署。

规划的需求重点和职能的不同,使"经规"、"城规"和"土规"出现了多个方面的整合缺失。一是由于规划编制的依据各不相同,会片面强调某类或某些依据的科学性和重要性,而对系统整体的复杂性及其权衡关系考虑不周。二是没有统一的基期、年限和空间管治范围、单元的分类标准。"经规"的法定年限为五年,"城规"通常为20年,"土规"为20年,而且基准年通常不一致,对未来的城市人口、土地的估算有不少差异。"城规"的范围常以城市建设用地为对象,对农村和乡镇的规划深度有限,与"土规"划定的规划城镇建设用地的整合性不高。三是法律地位和规划的导向不同。"经规"和"城规"都是偏重强调发展,做大人口、经济和用地规模,为未来发展争取更多资源。"土规"根据全国建设用地指标自上而下分配用地指标,但由于难以满足"经规"和"城规"发展的需求,不少地方的用地早已突破规划指标,使规划成为纸面上的"游戏"。

在"三规"分离的前提下,环保部门只能是对各个规划逐个提出要求和指引,而且效力有限。综其结果,各个规划之间缺乏协调,各级不同部门的职能和内容交叉混杂,不但需要大量的协调,而且经常出现有责任推脱,有利益相互争执的情况。在这种情况下,必须认真思考通过"多规合一"解决不同规划之间的协调问题的途径。

(三)"环规"参与"多规合一"的原则

推进"环规"参与"多规合一",必须遵循"有为有位、有进有退、有前有后"的重要原则，切实处理好"前提、本质、关键、基础、核心"五个方面的问题。

其一，"环规"参与"多规合一"，前提是各类规划应统一规范，理顺关系。有相同的表现形式，才能统一在一张图上。因此，发改、国土、环保、住建等相关部门应该建立"共编、共用、共管"的协作交流机制，并结合各自的行政职能提出相关要求，使各类规划互为补充，部门之间平行地落实各自的职责职能。这样才能逐步形成以生态环境规划为引导，约束和倒逼产业发展规划和城市规划的具有权威性的规划机制，形成建设生态文明的合力。

其二，"环规"参与"多规合一"，本质在强调其约束性，解决"定底线"的问题。"环规"在规划体系中的地位应该明确提升，像"土规"一样成为具有确定性约束性的法律文件。不论是自下而上的统筹规划，还是自上而下的执行反馈，"多规合一"都需要体现出对"环规"基本职能的尊重。从环保角度，应制定与"负面清单"相似的空间规划指标和管控内容，指导城市管理者和经营者划定城市边界和生态保护红线；应阐明政府、企业及个人在城市未来发展中的行为规范，限定哪些事能做，哪些事不能做。

其三，"环规"参与"多规合一"，关键是规划内容既要与其他规划高度融合，又要体现专门性，在各司其职的同时实现协调与统一。生态环境保护的基础性、先导性和约束性要加强，力度要加大。在战略规划层面，尤其应体现"环规"的重要地位，将资源环境承载力和环境容量作为宏观发展的前提和条件，对国民经济和社会发展的方向和定位提出限制性、引导性要求。而具体的生态环境保护的措施和对策部分，要由环保部门主导编制。

其四，"环规"参与"多规合一"，基础是保持自身的特色的同时，在形式上要与其他规划"求同存异"。各部门规划最终将走向"多规合一"，而不是简单地用一个规划去替代其他规划。其关键是在协调融合的基础上，构建一个科学的规划体系，首先厘清各类规划的次序和关系，然后提出"环规"的约束性原则和指标，再根据规划内容提出调整方案。在操作层面上，建议把全国的城市按不同环境问题类型进行分区分类，分别确定规划导向原则和实施路径，优先选取经济社会发展较平稳且具有代表性的城市作为试点。

其五，"环规"参与"多规合一"，核心是环境目标、环境空间管控格局以及融合机制三项内容的设计与完善，并能够落实到与其他规划的衔接中。"环规"作为空间规划的组成部分，可以与其他规划进行必要的衔接与融合，但不一定非要硬拼到一起。融合的重点是规划指标的衔接、目标与内容的整合、信息的整合共享、动态的调整、方案的协调、实施的监测、成果的保障。"环规"的内容是要做到让人类活动顺应生态环境的底线和规律，而不是要把人类活动纳入统一规划框架和模板内，所以应该基于生态环境空间约束的视角，提出城乡生态网络格局，科学预测各种要素的生存底线、规律和需求，合理控制城镇开发边界，优化城市内部空间结构，尽量杜绝千篇一律。

（四）需要进一步研究的几个问题

从 2014 年至今，国家发改委、国土部、环保部和住建部在全国 28 个市县开展"多规合一"试点，取得了积极成效，但在实际工作中，还有几个问题需要深入研究。

（1）"多规合一"的架构。规划界有一句名言，"当规划无所不包的时候，这个规划什么都没有"。"多规合一"应是"合而不同"，而不是机械地将一个市或县的各种规划简单叠加，将之理解为只编一本囊括所有类型规划的大规划。因此，"多规合一"的实质是各个规划的"融合归一"，为整个区域或城市的发展提供一个顶层设计。针对全国和省、市、县等不同行政层级，在"合"的方式上也应有所差异，以体现中央和地方之间的合理"分工"。党的十八届三中全会文件指出，"加强中央政府宏观调控职责和能力，加强地方政府公共服务、市场监管、社会管理、环境保护等职责"，以此为指导需要以生态文明作为各类规划的环境信仰与生态价值取向、规划编制与实施的行动规范依据以及评价规划方案的标准。

（2）环保部门及"环规"在新的空间规划体系中的地位。"环规"是制定生态环境保护目标、策略、机制的前置指引和基础，还为规划的后期环境评估和环境保护策略提供相应服务。"多规合一"要考虑到部门的职能，在允许交叉的情况下突出自身的特点和重点，交叉的部分是各规划达成共识的内容，重点和特点是部门核心职能所在。"环规"中不同的内容和板块为"多规合一"提供了不同的支撑点。如资源环境承载力、环境容量、生态红线是基于区域资源环境本底，对"多规合一"起到前置指引作用，而其他的诸如环境功能区划、环境风险、环境基本公共服务等都是基于区域的"经规"和"城规"发展趋势下的环境保护策略。因此，实际上"环规"的编制应当注意与"土规""经规""城规"的衔接与协调，进而对其他三类规划中存在的不合理的地方提出建议和改善措施，要实现"多规合一"，在某种程度上就是实现"环规"与"土规""经规""城规"的相互融合。

（3）"环规"如何在"多规合一"工作中找到精准定位。"环规"要在"多规合一"规划中有效发挥作用，对接的落脚点是新的空间规划体系的建立、增量空间的约束和存量空间的调整三个方面。如果在这三个方面缺乏衔接的接口，即使将来推出了环规体系，也很难对国土空间的保护和利用形成真正有效的约束。目前，不同规划之间的冲突主要体现为在空间形态、土地指标、重点项目和资源承载力之间的矛盾难以调和。其中，"城规"与"土规"的矛盾主要体现在用地冲突上，而"环规"与其他规划表面上来看冲突不多，但实际上冲突经常地、普遍地被隐性化，例如，某些城市提出不符合其资源环境条件的产业发展目标，并在"城规"和"土规"中配套大量土地予以支撑，进而导致环境破坏，而"环规"在这一过程中往往处于消极地位和相对被动应对的状态，这是下一步需要重点研究和改进的。从国家空间规划体系的构建来看，在市县"多规合一"、省级空间规划乃至国家层面的空间规划中，"环规"都是不可或缺的重要内容，要为其他各类规划提供前提条件和规划依据，从环境保护的角度解决"保底线、定上限"问题；同时，要为各类规划提供环境保护的规划策略与行动措施。针对各个规划之间的主要矛盾，"多规合一"要解决的问题，首先是确定合理可行的各规划共同的空间管治范围和单元，其次是对各区块单元的功能（土地利用功能、经济社会功能、服务功能、生态环境功能）进行协调性分析和调整，最后是确定每一区块的空间管理要求。空间规划体系的建立与完善作为全面深化改革的内容之一，既包括增量改革，也应包括减量改革。所谓"壮士断腕"，就是要对那些从部门或地方看有利，但从全国或全局看有害的部分做"减法"。"增"主要靠智慧，"减"则要靠勇气。同时要对当前规划体系作出调整，尤其是对规划背后的权力和利益作出相应调整。这里必须注意处理好政府与市场、中央和地方以及政府各部门之间的关系。因此，应明确环保在"多规合一"工作中的地位与作用，引导其他规划从资源禀赋与环境条件确定区域社会经济发展的规模、结构与布局要求；同时，做好生态环境保护自身的目标设定、实施路径、保障措施等。

（4）"环规"与其他规划融合的技术方法。从自然科学角度讲，自然环境是"经济社会发展的生命支持系统"，这要求"环规"既要融入经济社会发展的规划中又要自成体系。因此，应当在编制范围、编制周期、编制体系、图则、规范标准、实施机制等各个方面提出"多规合一"的机制与框架、工作机构与组织、理论方法和指标体系、管控体系与实施保障，尤其是技术标准、数据基础、信息共享，这样才能保证科学地"合"起来。为此，"环规"需要认真研究确定区域的自然资源和环境本底、生态环境基础设施的支撑能力、人类活动影响的限度等问题，从而确定环境功能分区、生态保护红线（基于生态安全格局与生态服务功能）、大气的环境容量、水资源与水环境的容量（承载力）、生态环境隔离距离以及环境保护战略任务等，作为"多规合一"的基础指引。

（五）"环规"参与"多规合一"工作的建议

"环规"参与"多规合一"，是一项以创新为本质的系统工程，是一个涵盖很多方面，特别是着力强化作为城市主体的人的发展的系统工程。当前和今后一个时期，要着力做好以下几个方面的工作：

第一，着力建立健全长效工作机制。健全"多规合一"工作机制，由发改、国土、住建、环保等相关部门成立领导小组和相关规划领域的专家组成的专家指导组。成立政府统筹、部门间"共编、共用、共管"的协作交流机制，协调规划全过程中出现的矛盾。如生态保护红线类型中涉及水利和林业管辖部门权责较多，划定过程需要与水利（饮用水源地、水土流失敏感区）部门、林业（生态公益林、森林公园、自然保护区、湿地公园）部门进行沟通协调。后续按照"一线一策"需要明确相应的管制规则和主管/协管部门，明确环保部门对生态保护红线的最终裁定权。联合开展"多规合一"技术支撑体系和管理支撑体系、法律法规标准体系的研究。构建"多规合一"信息管理平台，有利于统一标准框架、整合数据资源、建立面向"多规合一"的信息协调机制，实现部门间信息共建共享共用。

第二，科学地将"环规"嵌套入"多规合一"工作之中。综合考虑城市规划和开发建设活动的经济社会效果与环境影响，将生态环境性能指标作为环境保护部门进行空间管治的抓手。发改委、住建部、国土部目前的行政抓手是人口、建设用地、基本农田等明确的指标，环保部门也需要有类似的能落地的抓手。此外，基于资源环境承载力和环境容量的研究，提出生态资源开发和保护的空间边界、开发规模和强度、环境质量标准等量化指标，为"多规合一"提供先导指引，如以生态保护红线或生态用地边界、规模为指标，作为规划环评审批（规划意见）的前置条件，以批复的形式明确空间规划的约束性、强制性边界。

第三，**着力环境规划技术支撑体系研究**。逐步建立健全"环规"体系，探索完善基于城市单元的环境规划之间的衔接联动机制，提高"环规"实施效果。加强研究和科技攻关，力争在环境容量与可持续发展、生态阈值与城市布局、时间尺度掌握与空间落地规则等关键领域有所创新突破，探索建立基于资源环境综合承载力，统筹环境问题、防控污染物和重点防控产业、区块间的协同控制体系；从人口、规模、布局、产业结构、节能降耗、污染物控制等多个维度，建立城市经济发展的综合评价模型和目标指标体系；积极探索自然环境演化规律、污染防治和生态恢复规律、环境管理工作规律，着力解决影响人民群众身体健康的突出环境问题，特别是针对各环境要素在功能、布局、质量、阈值等方面的要求，研究确定生态环境质量底线、生态保护红线、风险防线、资源消耗上限等核心内容，并逐一落实于具体空间单元；研究出台环境功能区划编制技术规范，建立一套科学系统的环境功能区划技术支撑体系。

第四，**正确处理全面推进和重点突破的关系**。目前，环保部正在大力推进30个城市开展城市环境总体规划试点工作。建议在选择"多规合一"试点，开展深入探索实践时，在城市环境总体规划试点城市先行开展，为其他试点城市提供经验借鉴。新的试点示范头绪多、任务重，要注重相互促进、良性互动，既要整体推进，又要重点突破。要善于抓主要矛盾和矛盾的主要方面，从事物的普遍联系和动态发展中抓住影响推动工作的重要领域和关键环节，要学会"弹钢琴"，既有先后次序，又有轻重缓急；更要学会"下围棋"，既有大局观和前瞻性，又能提前在关键位置"做眼"。

二、关于推进"多规合一"四个工作理念的思考

以主体功能区规划为基础，统筹各类空间规划、推进"多规合一"，形成一个市县一本规划、一张蓝图，是中央全面深化改革工作的关键任务，是解决当前市县规划自成体系、内容缺乏衔接等问题的迫切要求，更是贯彻落实中央城市工作会议精神的重要体现。

在具体工作中，需要加强顶层设计，确立"全程、整合、创新、开放"四大工作理念，为"多规合一"的扎实推进与有效实施提供保障。

（一）要确立全程理念：过程理顺

市县"多规合一"的"合一"，不代表只编制一类规划或合为一个"拼盘大规划"，而是要建立一个总体规划统领、发展规划和空间规划统一衔接、功能互补、相互协调的规划体系。实际上，要实现各类规划所有内容的完全"合一"，是不可能的，并且也没有必要。关键在于破解不同规划"各自为政"的困局，对各规划进行恰当的有机融合，最终达到"一套技术标准、一组协作流程、一张奋斗蓝图"的理想状态。

所谓"全程"，包括三个层面的内容：

第一，"多规合一"的本质是物质循环的全过程。各项规划之间存在不可分割的联系，这个联系就是物质循环的全过程，"多规合一"可以说是物质循环过程的必然要求。经济社会发展实际上就是物质循环和能量流动的过

程，不同规划在物质循环的各个环节中发挥着不同的作用。主体功能区规划限定了参与生产生活等物质循环的自然资源空间范畴，土地利用规划限定了空间场所，城乡规划明确了空间规模和形态，经济社会发展规划提出了循环的目标，交通等基础设施规划为物质提供了路径，文教卫等社会设施规划确保了物质循环效率，生态环境保护规划则从物质循环平衡的角度，提出如何保障生态系统中所有物质与能量的产生与消纳达到平衡状态，降低坏产出、减轻坏产出对下一轮物质循环的负面影响。可见，从物质循环的角度看，经济社会发展规划、主体功能区规划、土地利用规划、生态环境保护规划等各项规划不是孤立的，而是相互联系地存在于物质循环全过程中，从不同方面影响着物质要素的赋存状态；不是互斥的，而是在物质循环体系中共生共荣，需要对物质循环进行从"生"到"灭"的全过程管理。

第二，"多规合一"的主线是要素流转的全过程。自中央财经领导小组第十一次会议首次提出"供给侧结构性改革"理念后，供给侧改革成为调整经济结构、优化要素配置、提升经济质量的着眼点，其核心是提高劳动力、土地、资本、创新四大要素的投入产出比，优化要素流转全过程。这正是"多规合一"的主线，经济社会发展规划、主体功能区规划、土地利用规划、生态环境保护规划等各项规划都紧密围绕着要素流转的全过程，从不同角度起到了要素准入与推动的作用。土地利用规划界定了哪些土地可以作为生产生活要素进行流转，哪些土地只能作为准要素，部分进入生产生活领域，哪些土地不能作为生产生活要素；城乡规划优化要素在城乡空间的配置；交通等基础设施规划则成为不同空间中物质流通的连接纽带；生态环境保护规划则保障要素流转过程的绿色链接。总体而言，"多规合一"应按照要素流转的全过程，用不同的规划回答如下问题：什么要素能够进入流转？要素如何实现优化流动配置？要素如何转化为生产力？怎样预防和处理要素转化为生产力过程中带来的负产出？要素流动的过程串联了各项规划的内容主体和方向，总括起来，回答了"多规合一"终极要求和顶层梳理。

第三，"多规合一"的核心是规划管理的全过程。"多规合一"不是多个部门坐在一起编制一个规划，也不是将几个已完成的独立规划简单合成一个大规划。"多规合一"就是将多种语言翻译为同一语系、多类数据换算为同一单位、多张图示落实到同一空间，成为相互联系、相互支持、相互制约的规划体系。因此，"多规合一"对规划编制的部门协调、工作内容衔接、目标融合等提出了难题。如广州市城市总体规划划定的生态用地为5140平方公里，土地利用总体规划划定的生态用地为5600平方公里，并且两个规划在生态用地的边界上也存在较大差异。可见，"多规合一"需要在规划编制、审批、执行、修订的全过程实现多部门的环环相接。

（二）要确立整合理念：战略统筹

对市县发展实际而言，实现"多规合一"的关键在于统筹多规的发展思路与战略蓝图，并运用科学、综合的技术方法，消除部门间规划壁垒，理顺、协调政府与市场在规划中的关系与作用。不同部门根据管理职能，通过规划内容的有序分工共同支撑总体发展战略和愿景，相关专题内容由不同部门技术支撑单位进行研究编制。

（1）以主体功能区规划为规划工作基础。规划思路方面，各规划都要严格按照主体功能区规划来决定本地发展方向。发展总体规划根据当地主体功能定位确定发展思路，统筹地方经济发展方式和空间开发模式，其他各类规划遵循发展规划的思路编制。规划目标方面，发展规划需基于主体功能的发展特色预设出未来人口、经济发展的多情景目标，以此为基础提出未来空间开发强度、三类空间比例等主要目标，其他空间规划根据本部门管理职能提出具体的分区人口、用地、生态环境保护等近期管控目标。空间管制方面，发展总体规划对城镇、农业、生态三类空间进行划分，提出空间开发与保护战略格局，其他各类规划通过划定城镇开发边界、永久基本农田保护红线、生态保护红线等落实空间格局，并提出相应的管控要求和准入标准，考虑各空间规划管制边界的横向衔接、发展规划与空间规划的纵向嵌套。

（2）以政府与市场权责明晰为规划融合突破口。要扭转规划中政府和市场边界不清的尴尬局面，防止规划过度。转变全能政府模式，一方面，要转变当前规划中对人口、土地、产业等要素配置大包大揽、越位代替市场的模式。另一方面，要转变规划过硬、缺乏弹性，难以适应市场变化的情况，不要对土地类型、空间功能等规划约定过细、过死，导致市场主体选择与规划用途矛盾，要适应市场需要对相应内容做出创新，提高规划的弹性和适应性。当然，对于强制性的空间管制内容要强化，坚决守住基本农田保护红线、生态保护红线和建设用地等"天花板"。

（3）以方法综合运用和创新为规划统筹技术手段。规划编制要有严谨的态度和科学的精神，应将水土资源科学、统计分析技术、信息空间技术以及社会调查方法等技术方法恰当地应用于各类规划编制研究中，准确把握地方发展规律，应对可能出现的复杂问题及利益相关者诉求，真正使规划方案经得起推敲、可操作。

（三）要确立创新理念：制度变革

（1）推动空间规划的法制改革。"多规合一"空间规划体系的建立，首先需要对各规划的层次、范围、性质、任务等实体层面和编制、审批、颁布、实施、修订等程序层面的问题给予明确，急需相关法律支撑。目前，有两种可行的改革途径：一是现行法格局不变，各项规范逐一修改以达到协调状态，如修订和完善《城乡规划法》《土地管理法》等；二是制定一部新的行政规划法律，如适时启动《空间规划法》的编制工作，理顺各类规划间的法律层级关系，规范和约束各类规划的编制、审批和实施程序，使之真正成

为更好发挥政府作用的有力抓手。

（2）推动管理体制从"部门集权"走向"监督管理"。 对于规划编制，要将现有主管部门的编制职能剥离出来，建立统筹协调机构，组织独立第三方负责规划编制工作，并邀请各利益相关方参与。对于规划审批，探索建立规划委员会审议制度，规划须经委员会和上级人民政府审查通过后提交本级人民代表大会审批实施。对于规划执行，应抽调专业人员设立独立的规划监督部门（或在人大常委会下设规划监督委员会），负责监督反馈规划执行情况。如果按照这一管理体系，还需关注发展规划近期年限与党政任期不同步的问题，更需要厘清上级部门审批和同级人大审议通过的法律关系。

（3）推动规划编制实施综合决策与协调机制改革。 建立规划协商机制，对于各规划涉及的共同目标与重大问题，各部门通过联席会议、专题讨论会等形式共同参与研究，集体提出解决方案；建立项目联合预审与业务协同机制，项目立项由发改、国土、住建、环保等部门共同决策，共同制定年度计划项目库；建立规划实施动态监测、实时更新机制，基于土地资源数据库及规划信息平台，逐步开发规划执行监测与动态管理决策系统；建立规划目标实施协同推进和矫正机制、专家与公众评议机制，实现规划制定、实施、监督、评估、反馈、改进的闭合循环；对于公众参与机制，从国家治理结构的改革方向来看，规划编制充分考虑当地民众意见是未来的必然趋势。推动公众参与，应从仅仅告知、咨询逐步到介入合作、直接参与规划，循序渐进提高参与程度，使"多规合一"的"一"真正成为体现绝大多数人意愿、符合社会发展潮流、能够有效付诸实施的规划体系。

（四）要确立开放理念：未来谋划

城镇、农业、生态三类空间的划分，仅为优化调整市县空间布局提供了整体设计，要落实这一蓝图必须进一步明确各类空间的用途管制要求，配套分类管控的相关政策。

（1）**统筹谋划空间用途管制**。对于各类空间的用途管制，必须划定管制红线与二级功能区。划定过程并非由发展规划一手包办，而应交由各类空间规划科学处理，这样既保证了各规划原本的核心任务和内容特点得以凸显，也更好地体现了规划的层级叠合与协同效应，让各个规划从不同角度支撑和描绘同一张空间蓝图。划定管制红线，如永久基本农田和生态保护红线、城市开发边界等，明确经济社会发展必须遵守、不能突破的空间底线，未来需要进一步探索各类红线划定的统一标准和技术方法；划分二级功能区，如城镇空间内划分商住区、制造区、市政公用区、绿地游憩区等，农业空间内划分基本农田保护区、一般农地区、土地开发整理区等，生态空间内分类分级划分自然保护区、风景名胜区、水源保护与涵养区等，明晰三类空间内部的具体功能和用途，识别出精细化用途管制的方向和重点，真正将管控目标落到实处。未来需要进一步界定清楚二级区划分的分工，调整现有功能区类型和标准，注重功能区用途复合性，一方面防止冲突与矛盾，另一方面防止二级区功能过细过死、难以适应市场需要。

（2）**科学处理各规划的分区衔接**。当前，城市总体规划已经划分了适建区、限建区和禁建区，土地利用总体规划分为允许建设区、有条件建设区、限制建设区和禁止建设区，这些区域本质上与城镇、农业、生态三类空间是对应支撑关系，即三类空间划定后，无论是"三区"还是"四区"，均没有必要保留，只需更为深入细致地进行二级区划定。如城市总体规划的适建区可以对应城镇空间内的建设用地区、农业空间内的村庄和基础设施用地，限建区主要对应农业空间内的农田和生态空间内的部分脆弱区和敏感区，禁建区主要对应生态空间内的重要生态功能区或生态红线保护区。而土地利用规划的允许建设区、有条件建设区均位于城镇空间内，限制建设区与禁止建设区对应农业空间和生态空间。

（3）**提出有效的空间管控措施。**当然，要实现空间蓝图仅依靠空间细分是不够的，还需要从产业、基础设施建设、生态环境保护等方面提出更加具体的差别化引导方向和管制要求。①产业方面，城镇空间应具有比市县整体更高的产业效率管控标准；农业空间应限制工业规模，推动开发区整合，放宽产业效率管控；生态空间应全面禁止污染、用地效率差的产业，放弃产业效率目标要求。②基础设施建设方面，城镇空间要突出集聚集约布局，提高设施配置均衡性和利用效率；农业空间和生态空间不能按照行政村"一刀切"，小而全配置基本公共服务设施，而是要依据乡村聚落分散布局特点，在兼顾效率与公平的前提下，集散结合式配置，同时推动乡村住居和设施的生态化、自然化，杜绝以建设城市的思路建设农村。③生态环境保护方面，城镇空间重点关注城市污水、空气、垃圾集中处置、环境污染风险事故、热岛效应等问题的应对；农业空间主要关注农业生态系统健康维护、土壤污染治理、乡村生活污水生态化处理等问题；生态空间重点关注生态服务功能维护、生态修复和建设、生态脆弱区灾害风险防范等问题。

明确三类空间具体的管控要求后，参考主体功能区相关政策，探索制定差别化的区域导引政策，如均衡性财政转移支付政策、人口政策、土地供给政策、产业负面清单政策等，同时研究建立与之配套的差异化考核制度。

（4）**要有面向未来的前瞻安排。**从时间维度来看，不仅要明确近期（5年）的空间规划，也要进一步考虑中长期（15~20年）的布局。如城乡规划要划定近期城镇建设用地范围和开发边界（特大城市划定永久性开发边界），并在近期开发边界外划定中长期建设范围，作为备用区域，亦为弹性用地；土地利用规划除明确永久基本农田红线外，也可考虑划定缓冲/保障区域，为中长期基本农田布局调整留有空间；生态环境保护规划在明确近期重点保护的生态功能区的基础上，可明确哪些生态空间是中长期可调整的，或者哪些非生态空间未来可以转化为新增的生态空间等，也可参照国土规划对耕地置换的办法确定一定比例的可置换红线面积，在保护生态空间质量的同时留有一定弹性，未来可考虑进一步划定永久生态保护空间。

三、基于市县"多规合一"试点实践的规划理念思考

2013 年 12 月，中央城镇化工作会议提出，要积极推进市、县规划体制改革，探索能够实现"多规合一"的方式方法，实现一个市县一本规划、一张蓝图，一张蓝图干到底。2014 年 8 月，国家发改委、国土部、环保部和住建部联合下发《关于开展市县"多规合一"试点工作的通知》，在全国 28 个市县开展"多规合一"试点。2015 年 12 月，中央城市工作会议指出，要提升规划水平，增强城市规划的科学性和权威性，促进"多规合一"，全面开展城市设计，完善新时期建筑方针，科学谋划城市"成长坐标"。可见，推进"多规合一"已有明晰的指导思想和总体部署，逻辑体系已具雏形。经过一年多时间的试点，28 个市县已经取得了一系列实践经验，非常有必要进行理论层面的总结和提升，为接下来更大范围、更高层面推进"多规合一"提供支撑。

通过对 28 个试点市县"多规合一"改革成果的归纳分析，总结出"定位统领、底线自律、内涵增长、空间分治、因势创新"五个规划理念，可以作为推进"多规合一"改革的科学指导方针、基本思想原则及行动遵循指南。下面，对五个规划理念进行展开探讨，以利于形成推动"多规合一"的大格局、大逻辑，构建国家空间规划体系。

（一）定位统领："多规合一"之基

（1）城市发展定位泛化趋同，丧失了个性特色和生命张力。城镇化快速发展进程中，由于对城市自身发展条件缺乏清晰认识，未能发挥合理的土地利用和环境资源引导作用，各种"城市病"高发、频发。同时，因受多方面影响，不少城市定位模糊，导向性功能紊乱，尤其是代表城市精神和文化传承的定位逐渐弱化，"千城一面"已成为中国城市之悲。

"南方北方一个样，大城小城一个样，城里城外一个样"，城市个性逐渐丧失，本该各具特色的城市艺术品正在被标准化的工业品所取代，自然景观、人文历史和地域文化特色淹没在钢筋水泥的丛林中。一些新的城市景观与所处区域自然地理特征不协调，一些城市贪大求洋、照搬照抄，"建设性"破坏严重损害城市肌理、文脉、风光。

规划在城市发展中起着重要的引领作用，城市功能定位是其核心所在。例如，北京的城市功能定位是政治中心、文化中心、国际交流中心、科技创新中心，上海是国际经济、金融、贸易和航运中心。城市功能定位应基于城市的资源本底、区位和基础设施条件、经济社会发展情况以及所在区域、国家乃至全球格局的分析而综合确定，既要考虑城市发展的顺承和文化传承，也要考虑未来的发展潜力和增长空间，同时还需要服从所在区域的主体功能和在国家城镇化格局中的整体定位。应该说，城市功能定位要有依有据，做到历史和发展、渊源与前瞻有机统一。

（2）在横向位置序列上，定位统领就是要以主体功能区规划为基础统筹各类空间性规划。不仅要统筹城市规划区或市域、县域范围内的各种规划，更需要从区域层面统筹"城市作为区域的中心节点"的功能。芒福德主张"真正的城市规划必须是区域规划"，城市规划必须具有区域视野和整体考虑。区域规划的顶层设计是主体功能区规划，城市规划的导引是国家层级的城镇化规划。"多规合一"要遵循区域规划特别是国家主体功能所赋予的市、县的功能定位，在主体功能区规划确定的优化和重点（城市化地区）、限制（农产品主产区和重点生态功能区）的框架下谋划本地的发展，还要同时在国家新型城镇化规划的框架下谋求横向错位发展和纵向分工协作的空间。

（3）**在纵向时间序列上，定位统领就是要综合考虑城市经济社会、历史文化、产业结构、建设管理等特点来制定规划。**文化是城市的灵魂，城市是文化的载体，一方面要把区域固有的文化特色和历史记忆保护、传承下去，从文化元素和文化记忆中提炼城市主题，另一方面要有开放意识，通过注入现代元素，创造新的城市文化，凝聚宜居宜业的文化思想传承。要加强对城市空间组织、整体风貌、文脉延续等的设计和管控，留住地域环境、文化特色、建筑风格等城市特有的"基因"。城镇化不强调单个城市产业链条的完整性，而是更注重区域内各个城市之间产业的错位发展、纵向分工，产业发展定位要做到"补其所短""扬其所长"。

（二）底线自律："多规合一"之本

（1）**由于缺少底线约束，城市发展过于强调建设引领。**底线约束缺失引发两个层面的问题：在空间层面上，城市建设逐渐侵占优质农业空间和优美生态空间；在属性层面上，城市规划对资源环境客观约束考虑欠缺，"资源天花板"屡屡被突破，环境质量底线次次遭触碰。

城市从来不是任凭规划师随意发挥的舞台或随意写就的图画，必须视之为以人民为中心的发展载体。规划科学是最大的效益，规划折腾是最大的忌讳，要树立底线思维，自觉遵守规矩，避免触碰红线。

（2）**空间底线遵循分级施策的原则，以永久基本农田和生态保护红线及水体保护线、绿地系统线、历史文化保护线框定生态安全格局。**要率先划定永久基本农田和生态保护红线，实现对生态空间、农业空间的保护，对不合理城市建设行为的约束。在宏观层面，要划定永久基本农田和生态保护红线保障农业发展生态安全格局。针对城市扩张大量侵占优质耕地而导致的城乡失衡问题，划定永久基本农田，严格实行特殊保护，扎紧耕地保护的"篱笆"，筑牢国家粮食安全的基石。严格按照优化开发、重点开发、限制开发、禁止开发的主体功能定位，在重要生态功能区、陆地和海洋生态环境敏感区、脆弱区等区域划定并严守生态保护红线。在中观层面，提升水体保护线、绿地系统线、历史文化保护线在城市规划中的地位，优先划定上述三线，保护城市内部有限的水体、绿地等生态空间和历史文化传承的建筑风貌。

（3）属性底线以"资源天花板"作为柔性约束条件，以环境质量底线作为刚性约束原则。要摸清支撑可持续发展的资源、环境"家底"，规避过度触及、跨越底线的发展，避免城市长期处于亚健康状态。"资源天花板"通常以土地、水资源、能源作为约束条件。水资源和能源本身具有空间分布不均的特征，可通过工程建设及跨区域输送解决资源不足的问题，属于柔性约束条件。但在区域规划体系中，城市等级、定位及发展潜力决定了外部资源供给的保障程度，无论城市大小都以外部调运保障其城市发展显然是不合理的。相比之下，可供城市建设的土地资源的约束力更具刚性，具有空间底线和属性底线双重性质。因此，需要确定支撑城市发展的资源总量，对于能源和水资源的柔性约束特征，实施强度与总量双控，对于土地资源的刚性约束，实施供地总量控制。

（4）环境质量底线是保障居民健康的"安全线"和"警戒线"，具有空间分布分异性。环境功能定位决定其环境质量标准，环境质量标准决定其环境容量及允许排放的污染物总量，从而形成对城市发展的刚性约束。环境质量底线必须要以环境容量为基础核定，而环境容量是以城市集聚发展、污染排放空间特征和受众人群集中分布特征等多方面影响来综合确定的。

（三）内涵增长："多规合一"之纲

（1）城市难以抑制扩张冲动，"摊大饼"成为主流形态。 近年来，许多城市特别是后发地区城市规划中人口和建设用地规模的预测存在较大盲目性和人为高估现象，助推了城市建设无序蔓延，不少城市建设用地指标已经透支到下一个十年。

规划是生产力，更是城市工作的龙头，规划做好了，建设才能形神兼备，管理更加顺畅。"多规合一"不是将多种规划简单地合为大规划，核心是在规划协调方面达成共识，包括不同部门事权之间的整合及其对应空间要素的协调，更是要在协调的基础上实现"一本规划、一张蓝图"，并坚持把一张蓝图干到底。要在规划编制、部门协调、项目建设、城市管理等多方面推进"合一"，而开展工作的重要前提就是要确定市县不同功能主体的发展定位、规模大小及发展目标，实现内涵增长。

（2）要将环境容量和城市综合承载能力作为确定城市定位和规模的基本依据。 环境容量主要由人口、大气、水环境等要素的容量来决定，具有有限性、客观性、稳定性等特性。城市综合承载能力将城市资源、城市环境、生态系统、基础设施、城市安全及公共服务等有机结合来评定。通常情况下，对具有不可再生性或不可流动性的自然因子的约束，基本遵循最小因子限制原理或短板效应原理；对具有可再生性或可流动性的社会经济要素的约束，主要遵循补偿效应原理。区域环境超载通常体现在大气污染、水环境污染等典型的"大城市病"上，有两个深层次原因：一是确定城市规模时，对环境容量考虑不足，导致城市现有环境容量无法消纳城市污染排放增量；二是先前规划的环境污染治理能力不足，城市环境基础设施和公共服务设施并未实现全覆盖，存在污染排放处理盲点，城市环境承载力潜能值并未完全发挥或发挥不稳定，造成城市环境容量超载严重。

（3）要以资源环境承载力对城市发展规模形成强有力的约束。首先，将环境容量作为框定区域的排污总量上限的主要依据；其次，综合考虑城市不同发展水平及动态趋势，预测可提供的环境污染治理能力，倒逼人口和经济规模；再次，基于国民经济和人口发展规模，确定合理的用地需求总量，逐步扭转、调整片面的"以人定地"的原则及指标取上限的倾向；最后，以刚性落地"城市开发边界"作为约束城市建设行为的管制手段，倒逼经济结构调整和发展方式转型。在改善环境质量的战略目标下，环境容量是根本，土地适宜性评价是约束。环境容量在确定土地需求总量是否合理的同时，也受到土地适宜性的约束。

（四）空间分治："多规合一"之要

（1）现有空间规划"图出多门"，同一空间多头规划矛盾突出、空间治理能力不足。城乡规划、土地利用规划都涉及用地计划指标分配，强调空间落地和整体布局，但因编制思路、目标年限、实施力度、保障机制、技术标准等存在差异，"两规"在用地协调、空间管控、行政管理等方面出现冲突，对整个国土空间规划缺少差异性分治思路和方法，对各专项规划的项目落地管控能力弱，精准治理体系不完善，尤其是在环境治理方面存在短板。

城市发展既离不开城乡规划、土地利用规划、生态环境保护等空间规划提供发展蓝图，也需要产业、市政等专项规划提供建设途径，但在现实工作中，项目通常被认为是"最具有活力的变量"，为让项目顺利落地，规划调整成为常态，"规划跟着项目走"，严重影响了空间管控的约束性，缺乏统一规划立法、各自为政，各类空间规划之间矛盾也得不到有效调和。

空间规划和社会经济之间存在双向影响关系。空间是经济社会发展的重要载体和投影，经济社会发展方式决定了空间开发模式和负荷。空间形态不可能脱离经济社会发展实际而独立存在，空间规划是城市的骨骼框架，专项规划是肌肉组织。"多规合一"就是要以空间落地为重要抓手，空间规划的目标设定和布局定位，必须因循经济社会发展的需要，专项规划侧重于经济社会发展的某个方面，两者均应遵循城市发展规律。

（2）**空间落地的关键是框定城市开发与保护战略格局，让各项规划各司其职、各得其所。**空间落地就是统筹生产、生活、生态三大布局，通过空间性规划实现生产空间集约高效、生活空间宜居适度、生态空间山清水秀。要科学划定"一线一界"（即永久基本农田和生态保护红线、城市开发边界），优化土地利用空间布局，合理确定三大空间，框定城市的开发与保护格局。在空间落地过程中，有必要保留各类空间性规划，保证各项规划在各空间内发挥各自职能的同时，有机衔接、沟通协调，实现共绘一张蓝图。"多规合一"所要求的空间落地并不是在规划之初，就把区域内的所有国土空间都画满，而是更多地注重、运用"留白"，不好规划的、规划不好的，尽可以大量"留白"，有所为有所不为，把能为的、可为的，规划好建设好管理好，不能为的、不好可为的，"留白"处理，为城市建设预留未来空间。

（3）**空间落地的目的是突出分区施治，实现土地用途管制和环境分区管治并重。**尽管现有各类空间规划以空间落地为导向，但由于对资源环境要素的差异性理解各异，对资源环境限制也缺乏考量，难以有效解决城镇化进程中经济社会与环境保护相协调的难题。划定"一线一界"的目的，就是体现分区施治的思路，在"一界"内重点进行城镇化建设，在"一线"内严格生态保护，在"一线一界"以外的空间限制开发建设行为。

强化环境分区管治，首先，要将污染物排放总量控制落实到分区、分段管控上，排放标准设计要落实到分级、分时上；其次，制定与空间分区相适应的差别化产业准入制度、退出机制和负面清单；再次，分区制定资源总量和强度双控政策，实施有针对性的区域补偿、交易政策；最后，针对各区潜在易发的环境问题，制定相应的环境治理策略，实现由被动应对向主动防控转变。

"多规合一"所关注的不仅是项目审批和落地速度，而且是要通过空间落地的约束边界框定城镇化总体格局，配合分区差别化管治策略形成决策项目落地的管治原则，各专项规划在遵循管治原则的基础上，绘制更加详细的建设蓝图。

（五）因势创新："多规合一"之道

（1）城市建设异化成彰显政绩的手段，"领导变则规划改"现象频繁发生。 由于城市建设成效是有形立见，慢慢地就成为短期内彰显政绩的偏好载体，城市规划逐渐演变成为地方官员服务的工具，背离了规划的初心，方向要义有所迷失。

一任市长一个思路，修规成了新市长工作的起点。一些城市，一届领导一套规划，破坏了规划的延续性、稳定性和严肃性。新城芳草萋萋、成为空城，那边又开始大兴土木、大拆大建；一些地方，一任一个思路，旧产能还没消化，新项目火热引进。

一个城市需要怎样的规划，取决于具有多样化需求和丰富个性的市民，一个好的规划必须要在尊重市民财产权益和意志等诸多因素的前提下，通过合意过程而形成，市长即使"站得高看得远"，具有出色的前瞻能力，也要倾听市民的所思所想、所痛所怨，才能接地气、能实操，要大胆改革创新，为空间规划体系建立奠定制度基础。

（2）要推动管理制度改革，从"各自探索"走向"规范有序"。 在编制上，将规划编制职能从现在的规划主管部门中剥离出来，建立规划编制组织协调机构，由其邀请第三方独立机构负责规划编制工作，组织各利益相关者参与规划编制过程；在审批上，探索建立规划委员会审议制，规划须经规划委员会和上级人民政府审查通过后，提交本级人民代表大会审批实施；在监督上，规划管理部门作为执行者应接受社会监督，抽调专业人员成立独立的规划监督部门（或在人大常委会下设规划监督委员会），负责监督反馈规划执行情况。

（3）要推动综合决策机制改革，从"政府规划"走向"全民规划"。从国家治理现代化改革来看，规划已从少数人做决策向当地多数人做决策方向转变，规划编制更加公开、广泛成为必然趋势。当规划由一个大的委员会组织完成，公众、社区的力量就成为最重要的推进和平衡力量。牢固树立"打开大门编规划，集思广益纳众谏"的规划指导思想，让公众参与规划全过程，从仅仅被告知、咨询到介入合作、直接参与规划，这不仅是公众参与程度不断提高的体现，也是规划真正成为体现绝大多数人意愿、符合社会发展潮流、能够有效付诸实施的不二选择。

（4）要推动编制实施协调机制改革，从"多头并进"走向"合力共为"。对于各规划涉及的共同目标与重大问题，通过召开联席会议、专题讨论会等，集体研究提出方案，建立规划协商、会商机制；立项由发改、国土、住建、环保等部门共同决策，制定年度计划项目库，建立联合预审与业务协同机制；基于土地资源数据库及规划信息平台，逐步建立规划实施动态监测管理决策系统，对规划执行情况进行定期监测，建立规划实施动态监测、实时更新机制；完善专家与公众评议制度，供政府决策参考，实现规划制定、实施、监督、评估、反馈的闭合循环，建立规划目标实施协同推进和修正机制。

第三章　国家主体功能区与
生态环境空间管控

　　党的十八届三中全会提出要坚定不移实施主体功能区制度的战略部署，完善主体功能区综合配套政策体系。党的十九大报告进一步指出，"构建国土空间开发保护制度，完善主体功能区配套政策"。

　　贯彻落实主体功能区规划，完善主体功能区生态环境政策，是新时代推进生态文明建设、做好生态环境保护工作的重点。原国家环境保护部、国家发展改革委员会联合发布《关于贯彻实施国家主体功能区环境政策的若干意见》（环发〔2015〕92号），以维护环境功能、保障公众健康、改善生态环境质量为目标，推进战略环评、环境功能区划与主体功能区建设相融合，加强环境分区管治，构建符合主体功能区定位的环境政策支撑体系，充分发挥环境保护政策的导向作用，为推动形成主体功能区布局奠定良好政策环境和制度基础。

一、国家重点生态功能区的政策体系构建[*]

重点生态功能区建设事关我国基本生态安全和生态产品供给，是以空间保质量，优化国土空间开发的重要环节，推动其可持续健康发展，必须对现有政策体系进行再构和完善。重点生态功能区政策体系的构建应当以环境政策为统领，以产业政策为切入点，以土地、农业、人口、民族以及应对气候变化政策为重点，以财政、投资政策为保障，以绩效考核评价政策为抓手，建立起与重点生态功能区规划目标与长远发展相适应的"9＋1"政策体系，同时，体系构建还应从科学性、系统性、实践性等方面着力安排。

政策的协调与整合是空间治理的核心内容，也是国家重点生态功能区建设的关键所在。国家在推进实施主体功能区战略中，对加强和保护重点生态功能区采取了一系列政策措施，先后就其环境保护、财政转移支付、产业准入等出台有关政策，推动其主体功能实现。然而，现有政策涉及层面尚为有限，未形成系统的政策体系，成效也因之受限。重点生态功能区建设事关我国基本生态安全和生态产品供给，是以空间保质量，优化国土空间开发的重要环节，为推动其可持续健康发展，必须对现有政策体系进行再构和完善。

＊　邱倩，江河.国家重点生态功能区政策体系构建探析［J］.环境保护，2017（13）：59－61.

（一）重点生态功能区政策体系构建的重大意义

1. 主体功能区战略的丰富实践

2010 年国务院印发《全国主体功能区规划》，开启了按主体功能、分区域科学开发与管控国土空间的进程。重点生态功能区以生态环境保护为功能定位，是主体功能区划的重要组成部分。重点生态功能区政策体系的构建能够为主体功能区的发展规划提供典型案例，其理论思路和实践成果均可以为其他功能区政策体系的构建提供经验借鉴。

2. 重点生态功能区建设的坚强保障

以生态环境保护为导向，重点生态功能区发展建设不仅涉及区域经济、社会、环境、文化等多种因素，还关系到全国范围内的资源配置，需要整合各个管理部门的政策，共同推进。重点生态功能区政策体系的构建，遵循系统治理的理念，在现有目标需求的基础上，对区域建设的方方面面做出明确的规范化安排。各项政策相互配合、相辅相成，有利于保障重点生态功能区发展建设行之有理、行之有据、行之有效。

3. 重点生态功能区产业准入负面清单实施的有力支撑

按照《中华人民共和国国民经济和社会发展第十三个五年规划纲要》的布局，重点生态功能区实行产业准入负面清单制度，因地制宜限制和禁止有关产业发展，从源头遏制污染排放。当前，负面清单制定工作稳步推进。重点生态功能区政策体系的构建，能够为负面清单的进一步落实提供行政上的保障，配套财政政策、绩效考核政策等的推行更能从正向激励和负向激励等多方面推动负面清单的执行。

（二）重点生态功能区政策体系的主要内容

按照《中华人民共和国国民经济和社会发展第十三个五年规划纲要》健

全主体功能区配套政策体系的总体要求，结合生态环境保护的主体功能定位，重点生态功能区政策体系的构建应当以环境政策为统领，以产业政策为切入点，以土地、农业、人口、民族以及应对气候变化政策为重点，以财政、投资政策为保障，以绩效考核评价政策为抓手，建立起与重点生态功能区规划目标与长远发展相适应的"9＋1"政策体系。

1. 以环境政策为统领

保护和修复生态环境、增强生态产品和生态服务的供给能力是重点生态功能区建设的首要任务。在此目标导向下，重点生态功能区政策体系的构建应当坚持"环境优先"的原则，将环境保护的要求渗透到其他各项政策当中。从稳增量和去存量两方面着手，重点生态功能区生态环境保护涉及环境评估、环境标准、污染监测、环保执法、环境修复、信息公开等诸多方面。在全面评估区域资源环境禀赋的基础上，应当根据生态环境容量科学划定生态保护红线与环境质量底线，进而分解确定区域环境质量标准与清洁生产要求，以此为据严格环境监测与稽查执法。与此同时，鼓励环保科技创新，提高区域节能减排与污染治理能力，并通过信息公开强化企业主体责任，提高环境保护公众参与程度。

2. 以产业政策为切入点

产业既是区域经济发展的引擎，也是从源头治理环境污染的动力。作为限制开发区域，重点生态功能区产业政策的目标在于结合区域资源条件，在不影响生态环境的前提下，有限度地发展适宜产业。其中，限制性和适度性体现在产业类型的选择、产业规模的控制、产业布局的安排等方面，需要以产业准入负面清单为抓手，对产业进行科学的定性和定量管理。通过产业定性管理确定鼓励、限制和禁止的产业类别，通过定量管理对项目占地、耗能、耗水以及污染排放等进行标准化限定，由此将产业政策整合至产业准入

负面清单当中。以清单为依据，对未来产业进行严格筛选，对现有产业进行监督管理，对适宜产业进行鼓励支持，对不适产业进行退出整顿，并通过对清单的动态管理实现对产业的动态化管理。

3. 以土地、农业、人口、民族以及应对气候变化政策为重点

土地、农业、人口、民族、气候是区域发展规划中包含的要素，在全国性政策安排的基础上，重点生态功能区对上述方面的政策安排应当进一步融入自身的主体功能导向，使之为区域主体功能目标服务。在土地政策方面，合理安排土地的用途和规模，确保生态用地性质不改变，规模不减少；在农业政策方面，通过农业补贴、价格杠杆等，倡导生态农业、绿色生产，减少农业污染排放；在人口政策方面，实施积极的人口退出政策，鼓励引导人口向县城和中心镇集聚，向重点开发和优化开发区域转移，避免区域人口分布与生态承载能力失调；在民族政策方面，着力解决重点生态功能区内少数民族聚居区经济社会发展中的突出的民生问题和特殊问题，在保障基本生产生活的同时提高少数民族群众的就业水平和收入水平；在应对气候变化政策方面，推进天然林资源保护、退耕还林还草、退牧还草、风沙源治理、防护林体系建设、野生动植物园保护、湿地保护与恢复等，增加重点生态功能区生态系统的固碳能力，并积极发展风能、太阳能、地热能，充分利用清洁、低碳能源，减少区域碳排放量。

4. 以财政、投资政策为保障

生态环境作为公共物品，不仅投入产出周期较长，其产出的生态产品和生态服务还具有显著的空间正外部性。小至相邻区域，大至全国范围都能享受到重点生态功能区环境质量提升所带来的生态效益。为避免由此带来的重点生态功能区所在县、市在环境和产业管控等政策落实过程中可能出现的积极性不足和能力缺失问题，需要在重点生态功能区政策体系中辅以财政政策

和投资政策作为保障。其中，在财政政策方面，要加大国家对重点生态功能区，特别是较为落后的中西部重点生态功能区的均衡性转移支付力度，同时建立地区间横向转移支付机制，由生态环境收益地区通过资金补助、定向援助、对口支援等形式对重点生态功能区因加强生态环境保护造成的利益损失进行补偿；在投资政策方面，加大对重点生态功能区建设项目的政府投资，包括生态修复和环境保护项目投资、公共服务设施建设投资、生态移民项目投资、促进就业投资、基础设施建设投资、支持适宜产业发展投资等，并提高其中中央政府投资的比重。同时，鼓励和引导民间资本投资，通过金融手段引导商业银行按主体功能定位调整区域信贷投向，鼓励向符合重点生态功能区主体功能定位的项目提供贷款，严格限制向不符合主体功能定位的项目提供贷款。

5. 以绩效考核评价政策为抓手

推动上述九方面重点生态功能区政策目标的实现，关键在于重点生态功能区绩效考核评价体系的建立与考核结果的运用。要完善绩效考核评价体系，对重点生态功能区实行环境优先的绩效评价，强化对提供生态产品能力、执行产业准入负面清单的评价，弱化对工业化城镇化相关经济指标的评价，主要考核生态服务功能水平、生态空间质量、群众生活水平等指标。要强化绩效考核结果的运用，把绩效考核评价体系与地方党政领导班子和领导干部综合考核评价有机地结合起来。根据重点生态功能区不同的功能定位，把主体功能目标的实现程度纳入对地方党政领导班子和领导干部的综合考核评价结果当中，并将其作为地方党政领导班子调整和领导干部选拔任用、培训教育、奖励惩戒的重要依据。

（三）推进重点生态功能区政策体系构建的安排

1. 要在科学性上着力

政策体系关系到重点生态功能区的长远发展，为保障区域发展建设的健康可持续性，每一项政策都要做到科学合理。各项政策的制定要建立在充分调研和专业论证的基础上，通过深入调研，摸底区域经济、社会、环境实情，摸清重点生态功能区建设对各方面政策的具体需求；通过专家论证，确保政策安排符合重点生态功能区现有实际，符合区域生态环境保护的功能定位。

2. 要在系统性上着力

政策体系的建立不是简单地将各项政策放在一起，而是要通过政策的互相配合，形成系统效应。环境、产业、土地、农业、人口、民族、应对气候变化、财政、投资、绩效考核评价十大方面均不是孤立的个体，各项之间均有联系。要站在空间管控的高度，对重点生态功能区政策进行全盘考虑，通过政策与政策之间联结点的找寻与建立，形成政策之间的系统联动，推动彼此政策目标全方位实现。

3. 要在实践性上着力

重点生态功能区政策体系的构建并不是要享受纸上谈兵之快，而是要将政策具体落实到实践当中，取得实际的政策成果。因此，政策体系构建不仅要有科学性，还需要具备可行性。围绕政策目标，要对政策进行细化处理，保证政策意图在实施过程中能落地并不失真；要对各项政策在重点生态功能区的实施情况进行评估，梳理现存问题，找寻问题根源所在，进而通过政策的调整和完善加以解决。

4. 要在综合性上着力

重点生态功能区的发展建设是一项综合性的工程，涉及国家、省、县三级政府，发改、环保、财政、国土、农业等诸多部门，关乎人口、资源、环境等问题，需要调动政府、市场与社会、中央和地方等多方积极性，共同参与完成。因此，重点生态功能区政策体系构建以政府为主导，要充分运用市场机制，拓宽公众参与，尽可能地将一切有利于区域建设的要素都纳入进来，共同为重点生态功能区的长足发展服务。

二、重点生态功能区产业准入负面清单
制度的建立*

2015 年 4 月 25 日，中共中央、国务院印发《关于加快推进生态文明建设的意见》，明确把"不同主体功能区产业项目差别化市场准入政策"作为优化国土空间开发格局的重要举措。

《中华人民共和国国民经济和社会发展第十三个五年规划纲要》（简称"十三五"规划纲要），进一步提出改善生态环境要"加快建设主体功能区"，"健全主体功能区配套政策体系"，在"重点生态功能区实行产业准入负面清单"，科学布局、优化发展，为创新区域环境管理提供了明确的路径选择。这是环保工作又一次重大制度创新和实践深化，具有重大的现实意义和深远的历史意义。

（一）深入理解重点生态功能区产业准入负面清单制度的内涵

深入理解和准确把握重点生态功能区产业准入负面清单制度的内涵，是推动建立重点生态功能区产业准入负面清单制度的重要前提。重点生态功能

---

* 邱倩，江河．论重点生态功能区产业准入负面清单制度的建立 ［J］．环境保护，2016（14）：41－44．

区是国家生态产品的重要供给者，产业是地区经济发展的主要推动力，产业准入负面清单是统筹经济发展与环境保护，统筹区域建设和国家发展全局，统筹近期发展与长远目标的制度工具。重点生态功能区产业准入负面清单制度是推进重点生态功能区保护、管理和发展的重要支撑。

重点生态功能区是承担水源涵养、水土保持、防风固沙和生物多样性维护等重要生态功能，关系全国或较大范围区域生态安全，以保护并着力提高生态产品供给能力为首要目标的区域。在全国主体功能区划中，重点生态功能区明确被划定为限制开发区域，需要在国土空间开发中限制进行大规模高强度工业化城镇化开发。产业准入负面清单制度正是在分析该区域生态环境特征，明确其主导生态功能定位的基础上，对限制开发进行具体阐释。限制开发并不意味着限制发展，重点生态功能区作为生态文明建设的主要空间载体，可以发展与其生态环境相适应的产业，探索健全国土空间开发、资源节约利用和生态环境保护体制机制，推动形成人与自然和谐发展的现代化区域建设新格局。

国土空间是宝贵的资源，是人类赖以生存和发展的家园。国土空间的开发利用，一方面有力地支撑着经济的快速发展和社会进步，另一方面无序过度的开发也带来了诸多的问题。耕地面积减少，粮食安全压力增加；生态损害严重，生态系统功能退化；资源开发过度，各类环境问题凸显，反过来又阻碍经济和社会进一步发展进步，甚至威胁人类生存。人类提出区域环境管理，进而到区域环境治理，是人们对国土空间开发利用实践不断发展、认识不断升华的产物。

在人类社会初期，人们认识和改造自然的能力低下，国土空间开发利用程度有限，基本处于天人合一的共存状态。到了农业社会，人类利用自然、开发资源的能力增强，相应地对空间环境有所破坏，局部地区甚至还比较严重。但相对于当时的人口规模和生产水平，空间资源环境还有较大的容量，天与人的和谐状态总体并未被打破。进入工业社会后，随着科技的进步、生产力的发展，人类对国土空间的开发利用能力迅速增强，开始疯狂地向自然进军，肆意掠夺资源，空间结构急剧变动，环境污染、生态失调、资源短缺，人与自然的矛盾日益加剧并走向全面紧张，人类生存和发展面临着生态危机的重大威胁，社会变得很不和谐。20 世纪 70 年代，人类的环境意识在危机中觉醒，管理者们普遍意识到，空间开发秩序的混乱，是造成大面积环境污染和生态破坏的重要原因。因此，通过编制空间规划，加强空间管制，成为从源头上控制环境污染和生态破坏的重要手段。德国、美国、日本、法国等国家陆续编制各类区域规划，形成了各自的空间规划体系，强调区域开发和发展的整体性、协调性和战略性。环境保护是空间规划的重要议题，法国空间发展规划将环境保护作为战略重点，德国空间规划将环境的持续保护作为越来越重要的任务。环境保护更多地成为与经济增长同样重要的规划目标，而不是作为增长目标的条件或限制性因素体现在规划之中，空间规划、区域管理已经成为环境保护领域必不可少的公共管理工具。

我国政府历来重视环境区域治理，自 1949 年以来，相继开展了自然区划、部门区划、经济区划、功能区划等基础性工作。2000 年，国务院印发《全国生态环境保护纲要》，明确要求开展全国生态功能区划工作，为经济社会健康、可持续发展和环境保护提供科学支持。《中华人民共和国国民经济和社会发展第十一个五年规划纲要》进一步将重要生态功能区建设作为推进形成主体功能区，构建资源节约型、环境友好型社会的重要任务之一，明确要求对 22 个重点生态功能区实行优先保护、适度开发。2013 年，环境保护部、发展改革委、财政部联合下发《关于加强国家重点生态功能区环境保护和管理的意见》，要求实行更有针对性的产业准入和环境准入政策与标准，提高各类开发项目的产业和环境门槛。随着管理实践的发展，我国以重点生态功能区管理为突出内容的区域管理逐步深化。然而，严格准入、限制开发更多的还是原则性的规定，是传统的经验型指导，宏观的定性型管理，缺乏科学的、具体的、明确的制度性手段，容易造成政府管理部门在实际工作中没有有效抓手，良好的生态治理理念无从落地的局面。因此，重点生态功能区治理，需要进一步从顶层设计向下延展，开发新模式、探索新途径、创建新机制，通过编制具体的产业名录走向科学型管理，通过建立能耗、污染物排放、环境风险等一系列指标走向定量型管理，通过源头限制、过程监管、末端淘汰走向现代型管理。在此背景下，重点生态功能区产业准入负面清单制度呼之欲出、应运而生。

负面清单制度是一种准入管理制度，通常应用于企业投资，尤其是外商投资领域。政府以清单方式明确列出禁止和限制企业投资经营的行业、领域、业务等，清单之外则充分开放，企业只要按照法定程序注册登记即可开展投资经营活动，不再需要政府审批同意。美国在与其他国家签署双边投资协定（BIT）和自由贸易协定（FTA）时，协定设有专门附件作为负面清单，详细列明目前或者未来有权采取的限制措施。印度尼西亚和菲律宾则在国内法层面制定企业投资负面清单，明确绝对禁止和有条件开放的部门和行业。2013 年，我国上海自贸区设立首次采用负面清单模式作为外商投资管理措施。

重点生态功能区产业准入负面清单制度是从企业投资管理中汲取有益经验，将负面清单管理模式引入区域环境治理当中的产物，是我国在重点生态功能区环境管理过程中进行的从理念转入实操的路径开发，是在区域尺度上加快生态文明制度建设的丰富探索，更是贯彻落实《中共中央关于全面深化改革若干重大问题的决定》提出的"用制度保护生态环境"的生动实践。面对这一制度创新，揭示其本质、丰富其内涵，把它作为一项重要的环境保护措施予以推行，是环境保护部门责任，也是环境保护部门参与重点生态功能区综合规划治理的重要举措，对我国国土空间开发和区域环境治理理论方法体系创新具有里程碑的作用。

重点生态功能区产业准入负面清单制度是以不同重点生态功能区的资源环境承载能力为基础，以尊重自然、顺应自然为准则，以增强生态产品供给能力和可持续发展能力为目标，坚持适度开发、集约开发、协调开发的空间利用方针，以列表形式明确规定禁止准入和限制准入的产业名录，并依照清单对区域产业进行规划管理，防止各种不合理的开发建设活动导致生态功能退化，推进区域空间合理有序利用的战略机制。立足统筹区域各种经济、生态和社会要素，使区域经济社会发展根植于当地现有生态条件，科学谋划、指导和优化区域产业布局，避免无序开发、盲目投资、粗放经营等情况的发生，逐步形成事先、全面、预防的区域产业管理新格局，具有基础性、先导性、前置性和约束性的作用，是重点生态功能区综合治理体系的重要支撑。

重点生态功能区产业准入负面清单制度的核心问题是处理好区域经济发展和环境保护关系问题。长期以来，人们对国土空间的开发往往以牺牲生态环境来追求短期经济快速发展，造成植被破坏、水土流失、环境污染、资源衰竭等，国家重点生态功能区生态破坏严重，部分生态功能区功能整体退化甚至丧失，严重威胁国家和区域的生态安全。在此背景下，重点生态功能区被确定为限制开发区域，以恢复和完善生态功能，满足日益增长的生态产品需求为首要任务，实现科学发展。然而，限制开发并不是限制发展，更不是以地区经济的废弛换取环境保护的成果，从一个极端走向另一个极端。重点生态功能区的治理既要实现生态目标，也要满足人民群众日益增长的物质文化需求，在不影响主体功能定位、不损害生态功能的前提下，结合当地特色资源，发展适宜性产业，增强区域财政自给能力，实现人与自然全面协调可持续发展。重点生态功能区产业准入负面清单制度是规划、指导区域产业结构和产业布局的具体安排，是引导、调控资源配置和产业发展的重要依据和手段，是资源环境承载力约束下区域发展的路径指南，清单明令禁止的产业不允许进入重点生态功能区，清单做出限制规定的产业在符合条件的基础上审批进入，已经存在的属于清单列举范围的产业有序转移或淘汰，以严格的、科学化的、精细化的准入管理把握区域发展大局。

重点生态功能区产业准入负面清单制度的基本要求是科学把握区域生态运转和发展规律，借鉴国内外区域治理先进经验，严格把关项目准入，严格管制开发活动，控制开发范围、开发强度，实现由无序开发向点状开发、适度开发、集约开发转变，树立"发展与保护双赢"的理念，从顶层进行全盘谋划，真正做到"以防为主、防治结合"，着力提升区域环境治理现代化水平。立足国土空间开发利用格局，深入分析区域自然环境属性和产业发展特性，以人为本，以环境为根，通过资源、环境和产业的匹配，构建环境友好型产业结构；根据主体功能定位、总量控制要求、清洁生产标准等，明确限制或禁止准入的行业、工艺和产品，将有限的环境容量配置给最适宜发展的产业；严格把控开发强度，把握开发时序，充分利用现有建设空间，集中布局，点状开发，防止重复建设、成片蔓延、无序扩张。关键是要把握"三个适应"：区域资源开发利用与资源存储量相适应，区域污染物排放和环境容量相适应，区域生态空间开发管制程度与生态环境保护修复程度相适应。

重点生态功能区产业准入负面清单制度的特征：一是针对性。产业准入负面清单根据不同重点生态功能区的功能定位、生态状况分别制定，破除过去无差别统一管理，每份清单都带有区域独特的烙印，是量身定制而非批量复制。二是可操作性。产业准入负面清单的制度使"严格准入、限制开发"的重点生态功能区管理原则具体化，摆脱过去空有引领方向的口号，没有可循前进道路的管理尴尬，是促进政策落地，推进理论与实践对接，实现精细化、规范化管理的有效载体。三是协调性。产业准入负面清单制度协调区域经济发展与环境保护，是用制度确保重点生态功能区生态保护功能的实现，同时增进重点生态功能区经济社会发展活力，推动形成科学统筹、发展规范、运转有效的重点生态功能区治理体系。四是延展性。产业准入负面清单是一个开放的系统，通过定期更新修订跟进区域经济社会发展的脚步，跟进区域资源环境变化的步调，跟进科技进步产业升级的速度，清单条目在可接受风险水平的基础上及时增加、减少和修改，确保区域空间的有效开发，确保区域生态产品供给能力的稳步提升。

（二）充分认识推进重点生态功能区产业准入负面清单制度的重要性和必要性

重点生态功能区建设是关系我国推进生态文明进程中落实节约优先、保护优先，绿色发展、循环发展，实现环境保护与经济社会全面进步的一项重要工作。产业准入负面清单制度是重点生态功能区环境保护与管理，建设与发展的基础制度和保障措施，我们必须从重点生态功能区建设和生态文明建设的广度和深度出发，在理论和实践上，充分认识坚持推进这一创新制度的重要性和必要性。

（1）坚持推进重点生态功能区产业准入负面清单制度是加快重点生态功能区治理，探索环境管理新机制的重要举措。 重点生态功能区治理是优化国土空间开发格局，建设美丽中国的重要环节，对生态文明建设具有基础性推动作用。重点生态功能区治理的关键在于环境保护，环境保护主要通过预防和恢复两条路径予以实现，过去我们的环境治理以事后处置为主，是结果型的、被动的和后置的，缺乏事前预防的、主动的、前置的规划，造成环境治理高投入、低产出的局面。依循"预防为主、防治结合"理念，通过产业准入管制将治理向前端推进，考虑从源头上解决问题，有利于变被动管理为主动管理，转结果导向为预防导向，提高环境保护的效率、效能和效益。同样，重点生态功能区治理也需要寻求制度的支持。然而，随着经济发展与环境保护矛盾的持续升级，已有的环境制度已经无法满足日益增长的环境保护需求。为此，习近平总书记提出"创新、协调、绿色、开放、共享"的发展理念，将创新摆在发展最突出的位置。创新是引领环境保护工作的第一动力，要想实现经济发展与生态保护的平衡与双赢，需要思想创新。重点生态功能区产业准入负面清单制度就是思想创新的成果，是思想创新指导下的制度创新。坚持推进重点生态功能区产业准入负面清单制度，有利于深化创新发展理念、制度管理理念，不断推进重点生态功能区环境管理工作，提高生态产品供给能力、生态安全保障能力，稳步推进生态文明建设。

（2）坚持推进重点生态功能区产业准入负面清单制度是统筹经济发展与环境保护，提高重点生态功能区空间生产能力的现实需要。生态资源环境是经济发展不可或缺的关键支撑和重要约束。改革开放以来，我国经济持续保持高速增长，经济总量已经跃居世界第二，成绩可喜。但与此同时，也造成了资源约束趋紧、环境污染严重、生态系统退化等突出问题。这种发展是粗放的、低效的、不可持续的，当平衡被打破以后，原本推动经济发展的资源环境动力反过来成为阻碍经济进一步发展的制约，并且这种约束力日渐增强。既要金山银山，也要绿水青山，要想实现经济发展长期可持续发展，必须转变过去的经济发展方式，努力走绿色循环低碳发展道路。产业准入负面清单制度从顶层进行设计，从源头把关，推动区域产业结构调整，优化区域产业布局，控制资源开发强度，提高资源利用效率，从而推动区域发展方式转变，发展道路优化。通过发展与重点生态功能区资源环境相适应的产业，明确区域产业结构，锁定区域经济增长点；通过限制和禁止与区域主体功能不相符合的产业，促进产业向中西部地区资源环境承载力强的重点开发区域转移，以区带面，优化全国范围内产业空间布局；通过设定产业准入和评估指标，实现产业优胜劣汰，推动产业优化和技术升级；通过控制产业开发区域和开发强度，规范开发行为，引导市场主体推进区域主体功能建设，最终满足重点生态功能区人们日益增长的物质文化需求，满足区域生态安全保障职责的实现。从长远来看，重点生态功能区产业绿色化，不仅不会成为经济增长的负担，反而将成为促进区域乃至国家发展的重要引擎。

（3）**坚持推进重点生态功能区产业准入负面清单制度是提高区域生态产品供给能力，不断满足人民群众日益增长的生态产品需求的内在要求。**随着社会经济的发展，生态产品供需矛盾日渐突出，一方面，资源消耗、环境污染，生态产品供给能力下降；另一方面，人口增加，物质文化生活改善带动需求层次提高，人们对生态产品数量和质量的需求越来越迫切。发展方向的对立导致供和需之间断裂带的扩张、深化，生态产品的短缺和供不应求严重影响人们生活的幸福感，成为制约我国民生建设的"短板"。各类污染加剧，生存环境恶化，快速激发人们的维权和抗争意识，环境信访、环境群体性事件总量持续上涨，成为制约我国和谐社会建设的"软肋"。要修复"短板"，消除"软肋"，必须提高生态产品的供给能力。重点生态功能区是我国生态产品的重要供给母体，对重点生态功能区的保护和建设有利于从总体上改善国家生态产品的供给能力。产业准入负面清单制度的管理对象是产业，最终目的却是环境保护，通过对开发活动进行制约和限制，防止对区域生态环境造成损害，严守生态红线、总量上限，遏制生态产品供给能力的衰退，扩大绿色生态空间，逐步提高生态产品的供给数量、质量和效率。坚持推进重点生态功能区产业准入负面清单制度，推进重点生态功能区总体规划，统筹谋划，有效满足人民群众对清洁空气、洁净水源、良好气候、优美环境等优质生态产品的需求，维护人民群众环境权益，是以人为本的具体体现，是回应性政府、责任政府建设的具体体现。

（4）**坚持推进重点生态功能区产业准入负面清单制度是提升空间治理能力，维护国土空间安全的有效保障。**生态安全是国土空间安全的重要组成部分，生态环境中的土壤环境、水环境、大气环境分别对应领土、内水、领海、领空，生态环境良好则国土空间健康，生态环境退化则国土空间病变，抵御能力下降，风险系数增加。空间是一种生产资料，在和平与发展的时代背景下，全球竞争日益激烈，国家区域之间的竞争更多的是发展空间的争夺，而非国土的侵占，内部发展空间的安全稳定与否不但影响国内发展，还严重影响国际发展空间。近年来，我国环境问题的突出和恶化引起了国内外社会的高度关注，尤其是华北、华东和华中地区多次出现大规模持续雾霾天气，严重影响国家发展形象。这些问题不解决，不仅国内发展难以持续，在国际上也会遭受挤压，影响外部发展空间。空间的问题要通过空间思维加以解决，虽然随着空间生产资料的投入和扩张，环境污染的生产空间、扩散范围、控制难度更大，但是空间治理理念同样也为我们提供了新的污染治理思路。利用空间对不同特征的生态空间进行区隔，划定环境管理空间界值，打破原本行政区划带来的污染治理僵局的同时将国土问题拆分为一个个更加便于应对的区域问题，通过分区治理，对区域问题进行各个击破，最终以点带面，实现总体空间治污减排。重点生态功能区是国土生态空间的关键组成部分，提升其空间治理能力，对环境保护全局具有根本性、全局性的推动作用。重点生态功能区产业准入负面清单制度秉承空间治理理念，以空间视角整合数量视角和要素视角，以区域整体治理代替点源式个体治理，综合生态红线、总量上限，促进"多规合一"，对重点生态功能区内部产业进行合理规划、科学布局，从源头控制污染排放，保障生态安全。

（三）建立重点生态功能区产业准入负面清单制度的基本原则和重点内容

重点生态功能区产业准入负面清单制度建设是一项整合性的环境管理创新工作，是综合环境、经济、人口等多种因素，以环境影响要素为指标对产业活动作出的规范性说明，在实践工作中，不能将其视为独立的、单一的环境管理手段，而要从空间治理的高度把它作为促进重点生态功能区发展建设，改善生态环境的重点工作来抓。

建设重点生态功能区产业准入负面清单制度必须遵循以下重要原则：**一是**坚持把尊重自然、顺应自然、保护自然作为本质要求，产业结构、生产力布局、重大项目建设要充分考虑区域资源特色和环境综合承载能力，以尽可能减少对生态自然系统的干扰，确保生态系统稳定与完整。**二是**实行严格的产业准入环境标准，严把项目关，在不损害生态系统功能的前提下，适度发展旅游、农林牧产品生产加工、观光休闲农业等产业，积极发展服务业，根据区域情况，保持一定的经济增长速度和财政自给能力。**三是**严格控制开发范围，开发资源、发展适宜产业要控制在尽可能小的空间范围内，做到天然草地、林地、水库水面、河流水面、湖泊水面等绿色生态空间面积不减少，腾出更多空间用于维系生态系统的良性循环。**四是**严格控制开发强度，面上保护、点状开发，禁止成片蔓延式扩张，原则上不再新建各类开发区和扩大现有工业开发区面积，已有工业开发区要逐步改造成低消耗、可循环、少排放、"零污染"的生态型工业区。**五是**坚持以人为本，持续提高区域生态产品供给能力，不断满足人民群众日益增长的生态产品需求，为人民创造安全健康的生态环境。

推进重点生态功能区产业准入负面清单制度涉及清单制定、执行和发展等一系列环节，需要把健全法制、强化责任、完善政策、加强监管相结合，把政府推动、市场引导、公众参与相结合，形成制度激励、约束和推进机制，重点要抓好以下几项工作。

第一，科学把脉区域生态资源环境。重点生态功能区具体环境条件是制定产业准入负面清单的基础，只有摸清区域生态资源、环境容量、现有开发状况等具体情况，才能确定必须禁止和限制进入的产业。要组织专家对各个重点生态功能区进行实地考察，集中研究攻关，结合区域功能定位，确定环境保护的重点目标和具体方向；结合生态红线和总量上限，研究论证哪些要列入生态红线，哪里是总量上限，确定区域边界控制线；结合区域特色资源、优势生产要素，以资源条件寻找匹配产业，扬长避短充分发挥区域优势；结合区域现有开发情况，诊断环境破坏程度和尚存开发潜力，在区域内进一步进行分区空间管理。

第二，着力开展产业准入指标体系建设。在把握区域生态资源环境的基础上，建立包括环境影响、资源消耗强度、土地利用效率、经济社会贡献等指标在内的评价指标体系，对重点行业进行综合评价。对区域资源环境影响突出、经济社会贡献偏小的行业原则上列入禁止准入类别，限制类行业则根据区域环境保护目标和要求、资源环境承载能力、产业现状等确定，可以选取单位面积（单位产值）水耗、能耗、污染物排放量、环境风险等一项或多项指标，作为产业准入负面清单的否定性指标并确定其限值，限制准入行业只要不满足上述指标要求，则不予准入。产业指标体系将限制开发的概念转变为可操作的变量，通过定量管理确保区域定性目标实现。同时产业准入指标也是产业评估指标，环境管理部门可以按照准入指标对区域内产业进行评估监管，对不符合指标的产业，勒令整改甚至进行转移或淘汰，确保区域内所有产业符合重点生态功能区主体功能定位。

第三，着力加强重点生态功能区产业准入负面清单制度支持体系建设。产业准入负面清单制度涉及重点生态功能区经济、环境、社会发展各个方面，其实施推进需要其他相关制度进行配合和支撑。要推进国家重点生态功能区政绩考核体系配套改革，以绿色生态指标而非GDP指标为重点，鼓励地方政府加强建立并落实产业准入负面清单制度工作，推进环境治理。要健全生态补偿机制，建立动态调整、奖罚分明、导向明确的生态补偿长效机制。在纵向上，中央政府要加大对国家重点生态功能区的财政转移支付力度，明确和强化地方政府生态保护责任；在横向上，生态环境收益地区要采取资金补助、定向援助、对口支援等多种形式，对相应的重点生态功能区进行补偿，建立地区间援助机制。重点生态功能区各级地方政府要以保障国家

生态安全格局为目标，严格按照要求把财政转移支付资金主要用于保护生态环境和提高基本公共服务水平。要建立健全责任追究制度，对那些不以区域环境保护和生态产品供应能力建设为首要目标，置生态红线制度于不顾，置产业准入负面清单制度为虚设，盲目准入、造成严重后果的人，必须追究其责任，而且终身追究。

第四，着力推进重点生态功能区产业准入负面清单制度动态管理工作。重点生态功能区产业准入负面清单是一个动态的开放的目录列表，而不是固化的、封闭的。地区生态资源环境变化、社会整体产业升级发展、区域现有产业数额的变动等都需要产业准入负面清单及时调整以作出回应。要树立发展的管理观，认识管理的当下性、时效性和前瞻性，统筹过去、现在和未来，进行基于过去、符合现在、顺应未来的制度设计和调整。要建立产业准入负面清单制度动态管理机制，定期对现有清单进行修订。这种修订应当是在国家产业管理全局的基础上，结合区域环境治理实情进行的科学调整，而非在原有清单基础上进行简单的重复，对于新增项目要在识别其对环境不利影响的基础上分析确定这种影响发生的可能性及严重程度，对于削减项目也要在综合评估的基础上对其低风险和无害化进行检验。要充分发挥政府、企业、环保组织和公众在重点生态功能区产业准入负面清单制度建设中的作用，统筹各方合力，共同推进重点生态功能区环境治理工作。

三、重点生态功能区产业准入负面清单
工作中的问题分析与完善[*]

重点生态功能区实行产业准入负面清单（以下简称"负面清单"），是党的十八届五中全会确定的战略任务，是健全主体功能区制度的重大举措。本部分对负面清单制度的工作进展进行了梳理，认为负面清单工作启动以来，已经取得了政策体系、技术规范和清单编制等方面的可喜进展，但还存在对负面清单制度的认识不够到位、相关配套政策还不完善等问题，提出要加强顶层设计、完善法规体系、加大宣传力度等对策建议。

推行重点生态功能区产业准入负面清单，是国家治理体系和治理能力现代化建设的制度创新，是全面推进主体功能区制度落地的重要举措。重点生态功能区产业准入负面清单已在 22 个省份的重点生态功能区所在的各级政府启动，但负面清单制度尚处于探索阶段。按照国家发改委、环保部对负面清单工作的部署，当前应根据形成"综合、系统、穿透、统筹"的清单制度原则，进一步加强对负面清单制度的研究，加快推行负面清单制度。

（一）负面清单制度的工作进展

2015 年 7 月 31 日，国家发改委印发《关于建立国家重点生态功能区产

＊ 邱倩，江河. 重点生态功能区产业准入负面清单工作中的问题分析与完善建议［J］. 环境保护，2017（10）：46 – 48.

业准入负面清单制度的通知》，正式启动负面清单工作，截至目前，已经取得了政策体系、技术规范和清单编制等方面的可喜进展。

1. 负面清单制度的政策体系初步建立

围绕重点生态功能区建设，国家发改委、环保部、财政部等部委先后发布《国家重点生态功能区转移支付办法》《国家重点生态功能区区域生态环境质量考核办法》《关于加强国家重点生态功能区环境保护和管理的意见》《关于加强国家重点生态功能区产业准入研究与管理工作的通知》等重要文件，对重点生态功能区财政转移政策、环境保护政策、生态环境质量考核等方面提出了具体的要求，为负面清单制度工作的开展奠定了基础。

在此基础上，国家发改委印发《关于建立国家重点生态功能区产业准入负面清单制度的通知》，要求按照不同类型国家重点生态功能区的发展方向和开发管制原则，因地制宜制定限制和禁止发展的产业目录，在有效保护和改善生态环境的同时，更有针对性地推动了重点生态功能区的产业发展。环保部发布《关于贯彻实施国家主体功能区环境政策的若干意见》，明确提出严格限制区内"两高一资"产业落地，并对四大类重点生态功能区产业准入提出总领性要求，如禁止高水资源消耗产业在水源涵养性生态功能区布局，禁止生物多样性维护生态功能区的大规模水电开发和林纸一体化产业发展等。以此为指导，各省份陆续出台关于国家重点生态功能区保护与管理的政策规定，重点生态功能区产业准入负面清单制度的政策体系初步构建。

2. 负面清单技术规范不断完善

负面清单制度虽是自上而下动员的，却需要自下而上加以完成。为保证负面清单的统一性、规范性和科学性，经中改办审议通过，国家发改委、环保部制定并发布《重点生态功能区产业准入负面清单编制实施办法》《国家重点生态功能区产业准入负面清单编制指南》《国家重点生态功能区产业准入负面清单审核要点》等指导性文件。这些文件明确了负面清单编制的原则、程序、内容、规范和要点，为负面清单的"从无到有"提供了技术保障，在实际编制工作中解决了思想问题的同时，在技术标准方面明确了路线图。

3. 制定、审核与发布了部分省份的负面清单

在政策体系和技术规范的动员和指导下，负面清单编制工作在各有关省份相继展开。由省政府统筹，各县对辖区内产业发展情况和生态环境状况进行梳理和评估，研究并编制负面清单及其说明。国家发改委和环保部组织召开负面清单编制工作培训会，并成立多个工作组，赴全国24个省（自治区、直辖市）进行实地调研。通过对重点生态功能区的资源环境状况、社会经济发展状况和产业发展状况等的深入考察，为各地负面清单的制定提供具体意见和技术指导。

2016年起，环保部联合国家发改委组织开展了重点生态功能区产业准入负面清单技术审核工作，对24个省（自治区、直辖市）436个县级行政区的负面清单进行了初审、审核和复核，编制了近500份技术审核意见和建议。随后，环保部、国家发改委、工信部等九部委于2016年12月开始对各省份上报的负面清单进行会审，全方位把关负面清单。技术审核工作提高了负面清单的科学性和全面性，有效支撑了负面清单的发布和备案工作。目前，部分省份已经完成了负面清单的备案，新疆生产建设兵团和湖北省则率先完成了负面清单的发布。

（二）负面清单工作中存在的问题

自2016年8月以来，负面清单工作在各方面的努力下取得了积极成效，对于健全主体功能区制度发挥了重要作用，但从长远发展来看，还有认识、政策和机制等方面的问题应予以高度重视并亟待解决。

1. 认识上还不够到位

负面清单以不同重点生态功能区资源环境禀赋为基础，通过负面清单管理模式对区域产业进行规划管理。虽然制度落脚点在产业，但其首要任务却是生态环境保护。国家重点生态功能区涉及 24 个省（自治区、直辖市）676 个县级行政区，占全国陆地面积的 53%，关系着全国或较大范围区域的生态安全。从目前整体情况看，重点生态功能区生态系统都有所退化，因此需要在国土空间开发中对产业活动进行引导和约束，减少其对自然生态系统的干扰，从而实现区域生态环境质量的改善。

虽然负面清单以环境保护为首要目标，但其目标却不仅限于环境保护，其核心问题在于处理好区域经济发展与环境保护的关系，也就是发展方式问题。因此实践中不能将其视为独立的、单一的环境管理手段，而要从空间治理的高度把它作为促进重点生态功能区发展建设的重点工作来抓。在制度的落地和实施过程中，要以生态环境保护工作为切入点，全面统筹经济、社会发展目标，以点带面、点面结合，共同推进重点生态功能区发展建设。

2. 工作推进还不够统筹全面

作为一项综合管理制度，负面清单实施过程中涉及国家、省、市三级政府，财政、投资、产业、土地、农业、人口、民族、环境、气候等多方面内容，需要统筹多个部门，调动多方积极性才能有效推进工作的开展。当前，在国家层面，负面清单工作以国家发改委与环保部的联合为主，虽然在审核阶段初步形成了在两部委共同审核基础上，工信部等九个部委共同参与审核的机制，但各部门在负面清单工作中的融合尚属有限，部门协作衔接机制还需要深化。在地方层面，一方面，各部门之间的统筹问题同样存在；另一方面，同一重点生态功能区范围内或者资源要素禀赋条件相近的省、县之间也存在协调性问题。负面清单以区域功能定位及其生态环境状况为基础，既要避免对不同区域"一刀切"，又要避免相同或相似区域的"不一致"。清单的编制与管理以省级政府作为统筹单位，同一省域内的县与县之间负面清单的不一致问题较为容易发现和解决；但不同省份县与县之间的一致性问题则不容易察觉，需要进一步建立政府间沟通协调机制予以调和。

3. 配套政策还不完善

负面清单是对区域产业结构的调整，实施过程中很容易遇到"落地难"的问题，如因技术、人员等问题导致的环境监管难，因绩效考评、财政转移支付等问题导致的负激励，因此，要从多方面建立配套政策为其提供保障。遵照《全国主体功能区规划》要求，这些配套政策包括财政政策、投资政策、产业政策、土地政策、农业政策、人口政策、民族政策、环境政策、应对气候变化政策和绩效考评体系十大类。然而，在负面清单推进过程中，仅环保部出台了配套《全国主体功能区规划》的政策体系，制定并出台了《关于贯彻实施国家主体功能区环境政策的若干意见》，提出重点生态功能区的环境政策。总体而言，负面清单制度的配套政策体系尚不健全。

4. 难以做到实时化的响应

负面清单是一个与区域发展实际紧密结合的开放系统，地区生态资源环境变化、社会整体产业升级调整、区域现有产业数额变动等都需要负面清单及时调整予以回应。当前虽然首轮负面清单已经制定，但要使静态的负面清单在管理实践中实现实时动态更新却十分困难。以时间周期进行更新不仅具有迟滞性，地方更会对原有清单形成路径依赖。在监管不足的情况下，负面清单很容易走向固态化。以触发机制进行更新，触发点何在、如何识别、由谁负责、如何响应，这些都需要通过进一步的科学研究才能加以确定。

（三）进一步推进负面清单工作的建议

推进负面清单工作是一项全新改革，更是深入实施主体功能区战略的必

然要求,既充满开创性与探索性,更需要科学系统考量,为此,应切实加强顶层设计,统筹推进,上下对应,分步有序实施。

1. 要加强顶层设计

重点生态功能区以县为单位,负面清单由中央出发最终落实到县,制度安排存在的任何不科学、不合理、不系统、不全面问题经过层级的传递都会被扩大化。因此,只有加强负面清单制度的顶层设计,方能保障全国一盘棋,维护制度权威性。为了避免信息层级传递造成的信息失真,在科学化顶层设计的同时要加强对下级政府的培训,通过面对面的指导,帮助下级政府加深对制度理念、目标、原则、实现方式以及其中的重要概念的内涵和外延等的理解,确保制定顶层设计顺利稳定扎实落地。

2. 要完善法规体系

负面清单作为一种执法手段是将法律内容以区域为范围行政化、整合化。按照"法无规定不可为"的原则,清单的每一条内容都必须符合法律规定。因此,法律法规的科学完善是负面清单科学合理的前提。推进负面清单必须完善与之相关的法律法规体系,按照负面清单制度的内容建立起以生态环境标准、产业准入条件为核心,囊括环境影响评价、环境监督管理、行政处罚、信息公开等内容的法律法规体系。

3. 要严格审核把关

负面清单关系到重点生态功能区区域发展全局,为保证清单的合法性、合理性、必要性和严肃性,必须经过严格审核通过才能予以公布和实施。负面清单审核工作具有很强的专业性,需要法学、经济学、管理学、环境科学等多个学科专业支撑,理论界与实务界共同支持。因此,在其初审、审核和复核的各个阶段都应由专业人士对负面清单的合法性、合理性、规范性进行检查核对、研究论证。要组建负面清单技术中心,总结前期工作经验,并深入开展负面清单相关技术研究，通过强化技术力量，层层把关，确保负面清单覆盖区域现有和规划发展的全部产业，确保负面清单每条内容都符合区域环境保护与经济社会发展实际。

4. 要完善配套制度

负面清单配套制度建设包括动态调整机制建设和长效管理机制建设。负面清单的动态调整机制建设要加强对负面清单的动态监管，以环境实时监管为切入点，通过对污染排放的监测，督查负面清单落实情况，并以此触发负面清单的调整和修改。在动态管理之外，要实现负面清单制度的长效管理，还应当从财政、投资、产业、土地、农业、人口、民族、环境、应对气候变化和绩效考核评价十个方面，建立与负面清单项适应的政策体系、技术标准体系、管理机制、监管制度、考核与奖励制度。

5. 要加大宣传力度

推进负面清单是全新的管理制度创新，要加强舆论宣传和引导，通过在报纸、杂志、门户网站等媒体撰文报道，总结前期工作成果出版成册，组织开展专家研讨和培训等方式，提高负面清单制度的知誉度并扩大影响面。通过"互联网＋负面清单制度"，建立社会、公众参与机制，拓宽参与渠道，积极营造改革氛围，形成改革共识。

四、农产品主产区产业准入负面清单制度的建立[*]

2011 年 6 月 8 日，《全国主体功能区规划》正式发布，将国土空间划分为优化开发、重点开发、限制开发和禁止开发四类。其中，限制开发又包括农产品主产区和重点生态功能区两类。2015 年 7 月 31 日，国家发改委印发《关于建立国家重点生态功能区产业准入负面清单制度的通知》，负面清单工作正式启动。截至目前，重点生态功能区产业准入负面清单已在 22 个省份的重点生态功能区所在的各级政府启动，负面清单制度的政策体系初步建立。但作为主体功能区中另外一个重要的限制开发区，农产品主产区产业准入的负面清单工作尚未启动。

不论是农业生产条件好、潜力大的优先发展区域，还是资源承载能力有限的适当发展区域，抑或是生态十分脆弱的保护发展区域，农产品主产区生态保护与建设都具有重要的战略地位。农产品主产区的生态环境保护不仅关系到一类主体功能区的生态安全，更关系到国家粮食安全和农业可持续发展。因此，农产品主产区产业准入负面清单的制定与实施势在必行，意义重大。

---

* 罗媛媛，杜雯翠，椋埏渝. 农产品主产区产业准入负面清单制度的思考与建议［J］. 环境保护，2018（5）：56 – 58.

（一）产业准入负面清单对农产品主产区可持续发展的重要意义

（1）负面清单是破解农产品主产区环境困境，优化生态系统的重要创新。 农业生产的现代化打破了传统耕种模式，但农业工具和药剂（如化肥、农药、地膜等）的使用会对土壤、水等环境资源带来极大污染，这些污染恰恰是难以降解、难以处理的。2016 年，全国耕地灌溉面积 67140.6 千公顷，化肥年使用量 5984.1 万吨，化肥使用强度 89.1 吨/平方公里，远超发达国家为防止化肥对土壤和水体造成危害而设置的 22.5 吨/平方公里的安全上限。

在农业内源性污染严重的同时，工业"三废"和城市生活等外源污染向农业农村扩散，镉、汞、砷等重金属不断向农产品产地环境渗透，全国土壤主要污染物点位超标率为 16.1%。海洋富营养化问题突出，赤潮、绿潮时有发生，渔业水域生态恶化。农村垃圾、污水处理能力不足。农业农村环境污染加重的态势，直接影响了农产品的质量安全。

要摆脱农产品主产区的环境困境，负面清单是一个好的制度选择。农产品主产区产业准入负面清单直接列出了哪些行业或行为是不受欢迎的。这些列在负面清单上的行业或行为不仅包括农、林、牧、渔等农业生产行为，还包括化肥、农药、兽药、饲料等农业投入行为，这就从投入和产出两个角度入手，双管齐下，共同解决农产品主产区的环境困境，其最突出的优点是能够极大地增强市场开放的透明度，哪些行业或者行为被排除在外一目了然的，这就避免了通过其他激励或约束手段而造成的政策效果损失，保证了政策实施效果。农产品主产区产业准入负面清单制度适应农业生产的新形势，顺应全面深化改革的新浪潮，回应现代市场体制的新需要，将成为优化生态环境的重要创新。

（2）**负面清单是提升农产品主产区生产能力，保障粮食安全的现实需要**。农产品主产区的功能和目标是保证国家粮食安全，因此，对农产品主产区的绩效评价不是对经济增长收入的考核，而是对农业综合生产能力的考核。目前我国农产品主产区多为平原地区，耕地多，人口多，很多地区经济发展落后，基础设施不完善，社会事业欠账很多。由于农产品生产对经济的带动力有限，附加值不高，使得农产品主产区一方面背负着保证国家粮食安全的重要使命，另一方面还要寻求增长与发展的出路。

解决农产品主产区面临上述困境的关键并不在于如何将有限的资源合理配置在农产品和其他产业之间，而是如何提高效率的问题。如果不把经济发展的蛋糕做大，怎样的分配都不是有效率的，如何的配置都不是帕累托改进。农产品主产区的当务之急，是改进生产技术，提高生产效率，形成规模效应，提升农产品生产能力。只有这样，才能在保证国家粮食安全的前提下，也满足当地人民的发展需求。

农业生产与工业生产的重要区别就是分散与集中。与工业生产的地点集中、决策集中、产出集中相比，农业生产的分散性体现在各个方面，包括农业耕种面积分散、农户决策分散、农产品运输分散等，这些都是抑制农产品生产效率提高的空间因素和其他非经济因素。农产品主产区产业准入负面清单就是从顶层设计的上位层面，通过产业整合、空间整合、资源整合、交通整合，找到规模优势、形成规模经济、提高规模效率。负面清单制度不仅可以立足每个农产品主产区，结合当地实际，将不利于空间整合和生产整合的产业列入负面清单，从空间上提升生产能力，保证粮食安全；还可以帮助农户作出理性决策，强制淘汰一些原本就不适宜当地的产业，腾退空间，实现空间再生产。

（3）**负面清单是增加农产品主产区生态供给，满足生态需求的内在要求**。近年来，国家先后启动实施水土保持、退耕还林还草、退牧还草、防沙治沙、石漠化治理、草原生态保护补助奖励等一系列重大工程和补助政策，加强农田、森林、草原、海洋生态系统保护与建设，强化外来物种入侵预防控制，全国农业生态恶化趋势初步得到遏制、局部地区出现好转。

然而，农产品主产区生态系统退化仍然明显，建设生态保育型农业的任务还很艰巨。高强度、粗放式生产方式导致农田生态系统结构失衡、功能退化，农林、农牧复合生态系统亟待建立。草原超载过牧问题依然突出，草原生态总体恶化局面尚未根本扭转。湖泊、湿地面积萎缩，生态服务功能弱化。生物多样性受到严重威胁，濒危物种增多。生态系统退化，生态保育型农业发展面临诸多挑战。

改善农产品主产区的生态系统，单纯依靠政府主导的生态工程和生态项目还远远不够。水土保持、退耕还林还草、退牧还草等生态工程是从技术角度被动改善生态系统的倒逼式途径，负面清单就是从经济角度主动改善生态系统的引导式途径。加快建设农产品主产区产业准入负面清单，可以从根本上禁止那些不利于生态系统恢复与改善的行业进入农产品主产区，从源头增加生态产品供给数量，提高生态产品供给质量，满足农产品主产区的生态需求。

（二）农产品主产区产业准入负面清单的核心思维

1. 系统思维

负面清单制度是指政府部门以清单方式明确列出禁止和限制投资经营的行业、领域、业务等，清单以外的行业、领域、业务等，各类市场主体皆可依法平等进入。清单是负面清单制度的显著标志和重要组成部分，但清单并不是这个制度的全部内容。实行负面清单制度是一个系统工程，制定清单只是其中一项工作。在农产品主产区产业准入负面清单制定的同时，需要一系列的制度安排，这些制度安排才是保证负面清单制度落实到位的关键所在，其重要性不亚于负面清单本身。

2. 市场思维

农产品主产区产业准入负面清单管理是一种"法无禁止即可为"的政府行权理念，是一种政府与市场、社会边界的重新厘定，也是开放倒逼改革，从制度上实现简政放权，变革政府管理体制的重要一步。负面清单只规定企业"不能做什么"，与正面清单规定企业"只能做什么"相比，将自主权还给市场主体，给市场主体更大的发展空间，充分体现了市场思维，更是政府在处理与市场关系方面的重大思维转变。

3. 底线思维

相比以往我国行政审批制度实行的正面清单管理，负面清单管理直接在清单上列明了企业不能进入的农产品主产区产业领域，而清单以外则完全"法无禁止即可为"，这就是负面清单的底线思维。底线如何设定？设定的依据是什么？农产品主产区产品准入负面清单的底线依据不是反映生态环境现实状态的"低"线，也不应该是遥不可及的反映生态环境理想状态的"高"线，而是满足国家粮食安全和当地人民生态环境需求的合理之线，是随着生态环境改善和人们生态环境需求提高而时时更新的变动之线。

（三）进一步推进农产品主产区负面清单工作的建议

1. 实施系统评估

农产品主产区产业准入负面清单的编制应当分为摸底研究、编制起草、统筹审核、公布实施、监督考核五个阶段。其中，摸底研究是其他四个阶段的基础，为负面清单制度的建设打下根基，是负面清单制度建设中不容忽视的重要环节。借鉴《重点生态功能区产业准入负面清单编制实施办法》中的相关规定，各农产品主产区的县（市、区）人民政府应当结合本区的主体功能定位，针对农业可持续发展面临的问题，综合考虑各地农业资源承载力、环境容量、生态类型和发展基础等因素，收集整理与负面清单相关的法律法规、环境政策、产业政策和标准等，全面梳理本行政区域内的产业发展情况，系统评估区域生态环境状况，筛选并提出纳入负面清单的产业类型，这个工作将是整个负面清单制度建立的基础。

2. 完善配套政策

负面清单是对农产品主产区产业结构的一次深入调整，与正面清单相比，负面清单对一些产业的限制会直接对利益主体造成伤害，实施过程中容易遇到"落地难"的问题。一方面，负面清单规定的行业由于经济利益等原因，可能仍然有动力进入；另一方面，负面清单没有规定的行业也可能因为进入壁垒、制度障碍、理解不清等原因，一时难以进入。要想解决这两个问题，都需要遵照《全国主体功能区规划》的要求，制定配套的财政政策、投资政策、土地政策、农业政策、人口政策、环境政策、应对气候变化政策和绩效考评政策等"一揽子"配套政策，为负面清单的实行保驾护航。同时，应加强相关人员的培训和指导，使其充分理解负面清单的内容和内涵，助力负面清单工作的顺利展开。

3. 推进全面统筹

作为一项综合管理制度，负面清单在制定和实施的过程中涉及国家、省、市三级政府，财政、投资、产业、土地、农业、人口、民族、环境、气候等多个部门，这对政府的统筹管理是一个巨大挑战。从重点生态功能区产业准入负面清单的现有工作看，各部门在清单工作中的融合尚有不足，部门协调衔接机制还不完善，同一重点生态功能区范围内或者资源要素禀赋条件相近的省、县之间也存在协调性问题。在农产品主产区产业准入负面清单制度实施的过程中，这个问题将仍然存在，也可能会更为严重。《全国主体功能区规划》将我国的农产品主产区划定为"七区"，包括东北平原主产区、黄淮海平原主产区、长江流域主产区、汾渭平原主产区、河套灌区主产区、华南主产区和甘肃新疆主产区。每个主产区都涉及多个省份，有的主产区甚至涉及十几个省份。如何在推进负面清单的过程中协调各个省份之间的关系？如何在确保整个主产区福利最大化的前提下，充分调动每个省、市、县的积极性？这些都加大了统筹协调的难度，也是产业准入负面清单制度建设中需要考虑的重点问题。

4. 开展动态管理

负面清单是与农产品主产区发展实际紧密联系结合的开放性系统，系统的开放性决定了因素的可变性。尽管农产品主产区的经济社会发展在一段时间内是相对稳定的，但随着负面清单制度的实施，产业结构必然逐渐发生变化，与产业相关联的人口、资源、环境都会随时调整。因此，负面清单管理不是静止的、一次性的，而是动态的、多次性的。一方面，负面清单需要为未来可能出现的新兴产业与业态预留空间，实现负面清单的动态优化；另一方面，负面清单还需要明确适时调整的条件与机制，即使在新兴产业与业态没有出现的情况下，由于形势的变化，负面清单也可能需要适时调整，这种调整有利于负面清单的稳定实施，也是负面清单动态管理的核心所在。

5. 注意衔接借鉴

国家重点生态功能区产业准入负面清单已经在 22 个省份的重点生态功能区所在的各级政府启动，这为同是限制开发区的农产品主产区提供了宝贵的经验，也对农产品主产区准入负面清单制度的建设提出了更高的要求。一方面，应当深入学习国家重点生态功能区产业准入负面清单制度建设中的经验，结合农产品主产区的自身特点，博采众长、为我所用。另一方面，应当有效分析在国家重点生态功能区产业准入负面清单制度建设中暴露的问题和缺陷，找到症结，避免同样的错误在农产品主产区出现。

第四章 重点区域的生态环境空间管控

　　2014 年 12 月，中央经济工作会议提出要重点实施"一带一路"倡议、京津冀协同发展战略、长江经济带三大战略；2017 年 4 月，中共中央、国务院决定设立雄安新区；2019 年 2 月，中共中央、国务院印发了《粤港澳大湾区发展规划纲要》；相应地，重点区域就成为新时代生态环境空间管控的重点。

　　京津冀、长三角（以及长江经济带）、珠三角（以及粤港澳大湾区）是我国经济社会发展最为集聚的地区，是人民大众对生态环境质量改善愿望最为迫切的地区，也是我国生态环境保护工作的重点地区。长期以来，我国非常重视重点区域的生态环境保护工作，2008 年北京奥运会期间北京及周边六省份就积极探索区域大气污染联防联控管理机制，多年的探索和创新已经积累了许多宝贵而丰富的经验和机制。新时代的重点区域生态环境保护，要将生态环境保护前置于区域空间规划和发展规划，从源头进行防控。

一、关于习近平总书记对长江经济带生态
环境保护指示的哲学思考*

　　长江是中华民族的母亲河，是中华民族永续发展的重要支撑。2016 年 1 月 5 日，习近平总书记在重庆召开的推动长江经济带发展座谈会上和 1 月 26 日召开的中央财经领导小组第十二次会议上，明确指出长江经济带生态环境保护的重大意义、基本原则、核心命题和目标任务，对长江经济带环境保护工作做出重要指示，为构建绿色生态廊道，建设美丽长江提供了行动指南。总书记对长江经济带环境保护提出的要求，深刻体现了辩证唯物主义的哲学思想。

（一）唯物的立场

　　长江是中国、亚洲第一和世界第三大河流，拥有我国 1/3 的淡水资源、3/5 的水能资源储量以及丰富的水生生物资源和巨大的航运潜力。长江流域地域辽阔，自然条件优越，矿产、森林、旅游资源丰富，大部分地区开发历史悠久，千百年来，长江流域以水为纽带，接上下游、左右岸、干支流，形成经济社会大系统，今天仍然是连接丝绸之路经济带和 21 世纪海上丝绸之

　　* 秋缬滢. 关于对长江经济带生态环境保护的哲学思考［J］. 中国环境管理，2016（16）：9 - 11.

路的重要纽带。长江经济带以水为纽带，连接上下游、左右岸、干支流，自西向东将四川、云南、重庆、贵州、湖北、湖南、安徽、江西、江苏、浙江、上海 9 省 2 市联结成为一个经济社会大系统。长江经济带各省市共享长江生态资源、水运交通，也共担长江生态环境修复的责任，是一个经济共同体，更是一个生态共同体。休戚相关的命运决定了在长江经济带环保工作中，任何一个省市都无法独善其身，也难以独自承担这一重任。然而过去，由于行政区划的壁垒分割，长江经济带各省市在开发和保护过程中各自为营、各自为政，导致区域协调失灵，环境保护成效十分有限。

"长江一体"的唯物主义立场是长江经济带生态环境保护的出发点。习近平总书记指出，"长江经济带作为流域经济，是一个整体"，修复长江生态环境要"共抓大保护"，这就要求长江经济带各省市加强沟通和合作，形成生态环境保护工作合力，一方面要克服地方主义和各行其是，在思想认识上形成一条心，在组织协调中形成一盘棋，在实际行动中拧成一股绳；另一方面，在分工协作过程中，有重点有侧重，努力实现上中下游协同发展、东中西部互动合作，共同推进长江绿色生态廊道建设。

不仅如此，长江经济带生态环境保护也是国家生态文明建设的重要组成部分。习近平总书记强调，"要把长江经济带建设成为我国生态文明建设的先行示范带"。因此，"共抓大保护"在依赖经济带内部各省市通力合作的同时还需要其他各省市以及国务院相关部门的密切配合：长江经济带与其他省市应精诚合作、携手共担；国务院相关部门作为"共抓大保护"的参与者和推动者，应为长江经济带各省市生态环境保护合作提供统筹协调和政策支撑等服务，理顺上下级之间、区域之间、部门之间的责、权、利关系，努力提升各省市、地区的工作效率和合作效益。

习近平总书记的指示，要求从长江生态环境一体化的实际出发，从建设美丽长江和美丽中国的唯物立场出发，既符合长江经济带环境保护的区域目标，也符合生态文明建设的举国目的；为通过长江经济带生态环境责任共担、共同保护，最终为实现经济带生态效益、能源资源共享和共同繁荣指明了方向。

（二）辩证的观点

经济发展和环境保护是对立统一的矛盾体，在经济社会达到一定发展水平之前，两者往往展现出相互矛盾的一面，鱼和熊掌不可兼得。改革开放以来，长江经济带的发展走的就是以资本扩张为主导、资源能源消耗为支撑、低要素成本驱动的粗放型增长道路，几十年间人口剧增，城市、集镇、码头以及工矿企业大量涌现，土地垦殖指数不断提高，虽然这些促进了流域经济的发展和繁荣，但同时也使许多地区的环境承受着不堪负担的压力，造成生态环境的严重破坏。

当前，随着经济发展水平的逐渐提高，发展的条件和目标已发生变化，经济社会发展对生态环境支撑系统的要求越来越高，人民群众对改善生活环境的愿望越来越强。长江经济带集聚了全国 1/3 的人口，集聚了全国最大的钢铁、石化、汽车等多制造业基地和电力、纺织、农业、渔业基地，庞大的人口基数和强大的生产能力决定这一地区有着更高的经济发展愿望。然而，多年来持续、高速、粗放的发展方式已经消耗了过多生态资源，排放了过多污染物，环境容量已经达到承载上限。近年来，长江上游的水土流失、中下游平原的洪涝灾害、河口三角洲地区的雾霾、水质污染、海水侵蚀、土壤污染和盐渍化等问题已成为困扰流域经济继续发展和影响群众生活的重要制约因素，实践证明，牺牲环境健康的发展老路已难以为继。

今天，长江经济带发展所要关注的不只是环境的破坏，还有人民赖以生存的原始资本的破坏；不只是生态系统的损害，更是其未来发展的必要条件的损害。面对开发和生态环境保护之间的尖锐矛盾，如何协调处理两者的关系已成为长江经济带发展所面临的紧要问题。习近平总书记全面把握经济发展与环境保护之间的关系，提出"推动长江经济带发展必须走生态优先、绿色发展之路"，并且"在当前和今后相当长一个时期，要把修复长江生态环境摆在压倒性位置，共抓大保护，不搞大开发"，为发展和保护的命题给出了明确的答案。这一指示摒弃了过去以环境换经济的"低性价比"交易，首次将改善长江生态环境摆在发展规划的第一位，为长江经济带发展定了向、定了调，是在尊重自然规律、尊重经济规律及社会规律的前提下的一次以长江为发力点推动中国生态转型的战略选择。

"大开发"和"大保护"是两种截然不同的发展理念。回首长江经济带发展历程，从"大开发"到"大保护"的战略转变既是生态文明进步的成果，也是历史发展的必然。"不搞大开发"并不意味着放弃发展，而是要以"大保护"为抓手，逐步摆脱对能源资源消耗的过度依赖，倒逼长江沿岸各地走上生态优先、绿色发展之路；是以"大保护"补偿过去"大开发"带来的欠账，推动绿水青山产生巨大的生态效益、经济效益和社会效益，真正解放和发展生产力，实现黄金水道的黄金发展。

（三）科学的思维

长江经济带东起上海，西至云南，涵盖沿江 9 省 2 市、六大城市群、9000 余个城镇，跨越我国东中西经济带和三大地势阶梯，绵延 205 万平方公里。长江经济带的空间复杂性决定了其环境治理应当遵循科学的理念，采取科学的方法，把生态环境综合治理和保护作为一项复杂的系统工程来抓。科学方法论在习近平总书记关于长江经济带生态环境保护的论述中，也处处闪烁着光芒。

1. 系统思维

习近平强调，"要增强系统思维"，把长江经济带生态环境保护融入长江经济带发展建设的全过程。一方面，要把实施重大生态修复工程作为推动长江经济带发展的优选项目，实施好长江防护林体系建设、水土流失及岩溶地区石漠化治理、退耕还林还草、水土保持、河湖和湿地生态修复等工程，增强水源涵养、水土保持等生态基本功能。另一方面，要自觉推进绿色循环低碳发展，形成节约能源资源和保护生态环境的产业结构、增长方式、消费模式，使黄金水道产生绿色效益。

2. 底线思维

习近平总书记强调，长江流域的生态环境只能优化、不能恶化。这就要求经济带发展应以提高生态环境质量为核心，严守资源利用上线、环境质量底线、生态保护红线。对水资源开发利用、产业布局优化、港口岸线资源统筹和一些重大投资项目安排，如果一时理解不到位，或者认识不统一，要用"慢思维"，严谨论证、科学决策；对损害生态环境、造成重大资源能源浪费的项目，要列入相应的负面清单，确保长江经济带今后的各项活动，无论是规划、实施还是运行，都应体现和贯彻生态优先、绿色发展的理念，确保生态功能不退化、水土资源不超载、排放总量不超标、准入门槛不降低、环境安全不失控。

3. 一体统筹

习近平总书记指出，长江经济带涉及水、陆、港、岸、产、城和生物、湿地、环境等多个方面，是一个整体，必须全面把握、统筹谋划。要统筹各地改革发展、各项区际政策、各领域建设、各种资源要素，使沿江各省市协同作用更明显。要促进要素在区域之间流动，增强发展统筹度和整体性、协调性、可持续性，提高要素配置效率。要优化已有岸线使用效率，把水安全、防洪、治污、港岸、交通、景观等融为一体，解决沿江工业、港口岸线无序发展的问题。要优化长江经济带城市群布局，坚持大中小结合、东中西联动，依托长江三角、长江中游、成渝三大城市群带动长江经济带发展。

（四）文化的继承

中国优秀传统文化的丰富哲学思想、教化思想、道德理念等，可以为人们认识和改造世界提供有益启迪，可以为治国理政提供有益启示，也可以为道德建设提供有益启发。"天人合一"是东方文化的思想精髓，强调人与自然的和谐共存。改革开放以来，受西方工业化革命的影响，长江经济带经济飞速发展，GDP 总量占全国的比重由 1992 年的 36.7％上升至 2014 年的 44.8％，已然成为全国经济最发达、综合实力最强的区域。但是在此过程中，片面坚持人定胜天、战胜自然，追求经济效益的做法也导致人地关系地域系统的失调。如果不能够及时对发展道路进行调整，仍然依循传统工业化的老路，那么只会重蹈西方发达国家工业化中期的覆辙，使环境恶化、报复人类的历史悲剧重新上演。不仅如此，由于人口基数庞大，环境破坏的代价更大，修复成本更高。

习近平总书记提出"保护生态环境就是保护生产力、改善生态环境就是发展生产力"的重要思想，主张长江经济带发展走生态优先、绿色发展之路，使绿水青山产生巨大生态效益、经济效益、社会效益，使母亲河永葆生机活力，要求既要努力学习西方先进的科学技术，加快生产力发展，更要重视"天人合一"的思想，建设美丽长江。可见，这些思想是在传统的东方文化的基础上吸收借鉴西方文化精华融合再造的、有扬弃的继承；是借鉴历史发展经验，立足当前发展实情，以实践需要呼唤理论创新的超越式传承，充分体现了具有传承和弘扬优秀传统文化的独特认知和情怀。

转变理念并非易事，将理念转化为实践更是如此。怀着造福子孙后代的美好愿景，我们要清醒认识加强长江经济带生态环境保护的重要性和必要性、紧迫性和艰巨性，加快思想转变，推动实践落地。优秀传统文化是一个国家、一个民族传承和发展的根本，如果丢掉了，就割断了精神命脉。要善于运用中华优秀传统文化资源破解现代难题，只有坚持从历史走向未来，从延续民族文化血脉中开拓前进，我们才能做好今天的长江经济带生态环境保护工作。把继承优秀传统文化与时代发展相适应和现代社会相协调的原则，将会使博大精深的灿烂传统文化更加发扬光大，长江经济带因之会变得更加美丽，人民会生活得更加美好。

让我们贯彻生态优先、绿色发展的理念，沿着共抓大保护、不搞大开发的路径，认真谋划、精心安排、扎实推动，为把长江经济带建设成为和谐、清洁、健康、优美、安全的绿色生态廊道和生态文明试验区，确保一江清水绵延后世，实现中华民族永续发展而努力！

二、《长江经济带生态环境保护规划》的
内涵与实质分析*

　　长江经济带是我国重要的生态安全屏障。2017 年 7 月，环保部等部委联合印发《长江经济带生态环境保护规划》（以下简称《规划》），以切实保护和改善长江生态环境。本部分对《规划》的内涵和实质进行了分析，认为《规划》以"生态优先，绿色发展"的基本原则为遵循；以严守"资源利用上线、生态保护红线、环境质量底线"三线为纲；推进了长江经济带生态环境保护从末端治理到全过程治理，从传统环境管理到精准环境监管，从条块保护到系统保护等五项转变，是对"共抓大保护，不搞大开发"等重要原则的检验。

　　2016 年 1 月 5 日，习近平总书记在重庆召开的推动长江经济带发展座谈会上明确指出，推动长江经济带发展必须从中华民族长远利益考虑，走生态优先、绿色发展之路，这确立了长江经济带生态环境保护的总基调，统一了思想认识，为长江经济带生态环境保护发展确立了顶层设计和战略方向。2017 年 7 月 17 日，环保部、国家发改委、水利部联合印发了《长江经济带生态环境保护规划》。《规划》的主要任务就是回答干什么、落实怎么干、

　　* 杜雯翠，江河．《长江经济带生态环境保护规划》内涵与实质分析［J］．中国环境管理，2016（16）：9 - 11．

明确谁来干，它体现了长江经济带生态环保工作的总体要求，其内涵和实质可以形象地概括为：贯彻一个遵循，深化两个检验，把握三线为纲，突出四个创新，推进五个转变，建设六项制度。

"共抓大保护，不搞大开发"是在长江经济带发展与保护命题上给出的明确答案，指出的明确道路。推动长江经济带发展，就是要从中华民族长远利益考虑，走生态优先、绿色发展之路，使绿水青山产生巨大生态效益、经济效益、社会效益。

（一）贯彻一个遵循

长江经济带覆盖上海、江苏、浙江、安徽、江西、湖北、湖南、重庆、四川、贵州、云南11个省市，面积约205万平方千米，人口和生产总值均超过全国的40%，是我国经济重心所在、活力所在、引擎所在。推动长江经济带发展必须从中华民族长远利益考虑，走生态优先、绿色发展之路，使绿水青山产生巨大生态效益、经济效益、社会效益，使母亲河永葆生机活力。这既需要我们崇尚创新、注重协调、倡导绿色、厚植开放、推进共享，也需要我们把五大发展理念真正地落实到长江经济带的重大任务和实施工作中去。具体而言，就是要凸显对自然、经济和社会规律的尊重，由始至终、由粗到细、由点及面地贯彻遵循"生态优先，绿色发展"的基本原则。长江经济带历史上的绿水青山造就了今天的金山银山，而只有保住今天的绿水青山，才能换来明天的金山银山。为此，长江经济带的生态环境保护，需要尊重自然规律，坚持"绿水青山就是金山银山"的基本理念，从中华民族长远利益出发，把生态环境保护摆在压倒性的位置，在生态环境容量上过紧日子，自觉推动绿色低碳循环发展，形成节约资源和保护生态环境的产业结构、增长方式和消费模式，增强和提高优质生态产品供给能力。

（二）深化两个检验

长江经济带的生态环境保护不仅是一个区域的环境保护，还是生态文明战略思想的历史检验，是马克思主义政治经济学中国化的区域检验，更是中国特色社会主义理论的生态检验。具体而言，《规划》是对"把生态环境保护摆上重要位置，以不破坏生态环境为前提"的检验，也是对"共抓大保护，不搞大开发"重要原则的检验。

1. 把生态环境保护摆在重要位置，以不破坏生态环境为前提

长江拥有独特的生态系统，是我国重要的生态宝库。以前，沿江工业发展各自为政，沿岸重化工业高密度布局，环境污染隐患日趋增多。长江流域生态环境保护和经济发展的矛盾日益严重，发展的可持续性面临严峻挑战，再按照老路走下去必然是"山穷水尽"。为此，推动长江经济带发展，要从中华民族长远利益考虑，牢固树立和贯彻新发展理念，把修复长江生态环境摆在压倒性位置，在保护的前提下发展，实现经济发展与资源环境相适应。这是长江经济带战略区别于其他战略的最重要的要求，也是制定《规划》的出发点和立足点，更是对"把生态环境保护摆上重要位置，以不破坏生态环境为前提"的深入嵌入。

2. 共抓大保护，不搞大开发

"共抓大保护，不搞大开发"是在长江经济带发展与保护命题上给出的明确答案，指出的明确道路。推动长江经济带发展，就是要从中华民族长远利益考虑，走生态优先、绿色发展之路，全心全意建设生态文明的先行示范带，使绿水青山产生巨大生态效益、经济效益、社会效益。"共抓大保护，不搞大开发"是历史的责任，是时代的使命，更是未来的机遇。

"共抓大保护，不搞大开发"是时代的使命。建设绿色长江经济带不仅

面临能否解决更高经济发展需求与已经接近或达到的承载力上限之间矛盾的挑战，还面临能否解决冲动的区域发展愿景与不匹配的环境本底之间矛盾的挑战，更面临能否解决短期利润诱惑与长期环境欠债之间矛盾的挑战。

"共抓大保护，不搞大开发"是未来的机遇。作为三大区域经济发展战略之一，党中央、国务院明确将修复长江生态环境摆在压倒性位置，长江经济带迎来了区域生态环境保护的历史性机遇。同时，生态文明建设的全面推进，为打造长江生态文明示范带提供了良好的宏观环境，供给侧结构性改革又为长江经济带优化产业结构布局、统筹协调保护与发展创造了有利契机。

（三）把握三线为纲

《规划》本着人与自然和谐发展的理念，聚焦资源、生态、环保的关键环节，整体谋划，系统推进。着眼全局，把握三线为纲，通过划定并严守资源利用上线，在总量和强度方面提出控制要求，有效保护和利用资源；通过划定并严守生态保护红线，合理划分岸线功能，妥善处理江河湖泊关系，加强生物多样性保护和沿江森林、草地、湿地保育，大力保护和修复水生态；通过划定并严守环境质量底线，推进治理责任清单化落地，严格治理工业、生活、农业和船舶污染，切实保护和改善环境。

1. 划定并严守资源利用上线

要确立水资源利用上线，妥善处理江河湖库关系，强化水资源总量红线约束，促进区域经济布局与结构优化调整。加强流域水资源统一管理和科学调度，深入开展长江流域控制性工程联合调度。具体而言，一要实行总量强度双控，即严格总量指标管理，严格强度指标管理，推进重点领域节水。二要实施"以水定城、以水定产"，即合理确定城镇规模，严格控制高耗水行业发展，统筹流域水资源开发利用，深化水资源统一调度。三要严格水资源保护，即优先保障枯水期供水和生态水量，强化水功能区水质达标管理。把握住生态环境基线，加强流域水资源统一管理和科学调度，强化江河湖库水量调度管理，努力实现江湖和谐、人水和谐。

2. 划定并严守生态保护红线

贯彻"山水林田湖是一个生命共同体"理念，坚持保护优先、自然恢复为主的原则，统筹水陆，统筹上中下游，划定并严守生态保护红线，系统开展重点区域生态保护和修复，加强水生生物及特有鱼类的保护，防范外来有害生物入侵，增强水源涵养、水土保持等生态系统服务功能。具体而言，一是要基于长江经济带生态整体性和上中下游生态服务功能定位差异性，开展科学评估，划定生态保护红线，同时，将生态保护红线作为空间规划编制的重要基础，相关规划要符合生态保护红线空间管控要求，不符合的要及时进行调整，严守生态保护红线。二是要实施《长江岸线保护和开发利用总体规划》，统筹规划长江岸线资源，严格分区管理与用途管制，严格岸线保护。三是要强化生态系统服务功能保护，即加强国家重点生态功能区保护，整体推进森林生态系统保护，加大河湖、湿地生态保护与修复，加强草原生态保护。四是要开展生态退化区修复，即开展水土流失综合治理，推进富营养化湖泊生态修复。五是要加强生物多样性保护，即加强珍稀特有水生生物就地保护，加强珍稀特有水生生物迁地保护，着力提升水生生物保护和监管能力，加大物种生境的保护力度，提升外来入侵物种防范能力。

3. 划定并严守环境质量底线

建立水环境质量底线管理制度，坚持点源、面源和流动源综合防治策略，突出抓好良好水体保护和严重污染水体治理，强化总磷污染控制，切实维护和改善长江水质。特别是要切实加大长江经济带沿线饮用水水源保护力度，加强水源地及周边区域环境综合整治，做好城市饮用水水源规范化建设，确保集中式饮用水水源环境安全。具体而言，一是要以保护人民群众身体健康和生命财产安全为目标，严格执行国家环境质量标准，实施质量底线管理。二是要优先保护良好水体，即强化河流源头保护，积极推进水质较好湖泊的保护，加大饮用水水源保护力度。三是要治理污染严重水体，即大力整治城市黑臭水体，重点治理劣V类水体。四是要综合控制磷污染源，即治理岷江、沱江流域，乌江、清水江流域，长江干流宜昌段总磷污染。

（四）突出四个创新

《规划》创新规划名称，从关注人转为关注人与生态；创新环境管理，从以污染排放为核心转为以改善环境质量为核心；创新分区管治，强调不同区域、不同流域的差别化管治；创新协同治理，充分考虑长江经济带不同区域、不同流域，及其与其他经济体之间的协同机制。

1. 创新规划名称

在生态环境保护规划中到底是"以人为本"，还是"以自然为本"，这是一个关于人与自然的悖论。现代生态伦理学认为，人与自然界都是生态系统整体中的一部分，人对自然界的利用必须控制在一个适宜的限度之内。可见，《规划》的题目既不是"以人为本"，也不是"以自然为本"，而是"以生态为本"。"以人为本"是《规划》的最终目的，因为人民群众是创造世界历史的动力，也是《规划》最终服务的对象。"以自然为本"则是"以人为本"的基础，因为只有正确认识自然的价值，合理发挥人的主体性，才能保障"以人为本"的实现。正是本着这样的原则，《规划》创新名称，从环境保护关注人，到关注生态和人，将人和自然同时置于生态系统，既考虑自然保护，又顾及人类发展，促进人与自然在生态环境下的共生共荣。

2. 创新环境管理

自1972年第一次出席联合国人类环境会议至今，中国的环境管理取得了显著成效，尤其是以控制污染排放量为核心的总量减排制度，在降低污染排放方面做出了巨大贡献。然而，在总量控制成效和公众切身感受之间，仍然存在不一致、不匹配、不对等问题。污染减排是改善环境质量的重要手段，是推进环保工作的重要抓手，而改善环境质量则是污染减排的出发点和落脚点，是环保工作的根本目的所在。在环境管理中，应以改善环境质量为目标导向，来改革环境管理制度，来设计环境政策体系，来部署环保重点工作。为此，《规划》充分考虑人口发展趋势，强调合理确定城镇规模，以水定城，有效控制城镇居民用水增量，全面推进环境污染治理，建设宜居城乡环境作为重要任务，强调区域大气污染联防联控，这些要求都紧急围绕环境质量改善这一主题，明确显现了环境管理正朝向以改善环境质量为核心的方向转变。

3. 创新分区管治

环境问题的长期性、复杂性和广泛性，决定了环境管理没有定式可循，必须针对长江经济带不同时期的关键问题和情况变化进行调整。长江经济带覆盖11个省市，上中下游的自然生态本底和资源环境承载力差异较大，经济社会发展阶段和面临的突出环境问题也有所不同，传统"一刀切"的环境管理模式无法适应长江经济带环境综合管理的客观需要。为此，《规划》提出，要实施差别化的环境管理，实施空间管控，分区施策。根据长江流域生态环境系统特征，以主体功能区规划为基础，强化水环境、大气环境、生态环境分区管治，系统构建生态安全格局。西部和上游地区以预防保护为主，中部和中游地区以保护恢复为主，东部和下游地区以治理修复为主。根据东中西部、上中下游、干流支流生态环境功能定位与重点地区的突出问题，制定差别化的保护策略与管理措施，实施精准治理。分区管治的精准化管理保证不同地区的环境问题得到区别对待，因地制宜、因材施教，因而有效。

4. 创新协同机制

将长江经济带打造成和谐、健康、清洁、优美、安全的经济带，协同机制是制胜要诀。长江经济带涵盖 11 个省市，各行政单元都有自己的利益诉求。长江沿线各省市发展程度不一，全流域协同观念欠缺，各地生态环保约束指标不够具体，生态保护缺乏法律强制效力和市场机制内在动力，长江经济带一体化中最本质的也是很难解决的是行政区划带来的利益分割。协同发展极其重要，但也有一定难度。为此，《规划》充分考虑行政区域之间的关系，通过完善环境污染联防联控机制，健全生态环境协同保护，实现区域协同；考虑流域上下游之间的关系，通过建设统一的生态环境监测网络，设立全流域保护治理基金，推进生态保护补偿等措施创新上中下游共抓大保护路径，实现流域协同；考虑长江经济带与其他经济体之间的关系，通过沿江地区绿色制造业发展、绿色金融创新推进、江苏宜兴等环保产业技术合作园区及示范基地建设，建立环境技术交流与转移中心等措施，实现与"一带一路"的融合。

（五）推进五个转变

《规划》推进了长江经济带生态环境保护的五个转变，从末端治理到全过程治理的转变，从传统环境管理到精准环境监管的转变，从条块保护到系统保护的转变，从目标思维到底线思维的转变，从各自为政到一体化的转变，这些转变体现了长江经济带发展理念的转变，更是未来区域生态环境保护的标杆。

1. 从末端治理到全过程治理的转变

传统环境治理采取的是污水处理、废气处理、河道治理、末端装置处理等末端治理模式，这是一种治标不治本的模式，未来的环境治理应当从末端治理转变为从源头到末端的系统性施治。开展全过程治理，一要加强源头防控，从生产源头减少污染产生概率；二要加强过程控制，利用精准化的环境管理和先进的生产技术减少生产过程中产生的污染量；三要加强末端治理，通过治污技术和设备的使用及时收集并处理各种污染物，建立源头防控、过程控制、末端治理并重的全过程治理。基于此，《规划》提出，对于大气污染，应建立以生产源头防控为主的全过程治理机制，进一步优化能源结构，严格控制煤炭消费总量，加大煤炭清洁利用力度。对于水污染，应强化河流源头保护，加大饮用水水源保护力度，大力整治城市黑臭水，建立以生活源头防控为主的从水源到水龙头的全过程监管，推动形成绿色生产和绿色生活方式。对于土壤、重金属等环境污染，应加强土壤重金属污染源头控制，降低污染风险，防控源头污染。全过程治理的转变有助于从根本上改变生产和生活模式，从源头降低污染概率，从过程减少污染产生，从末端处理污染排放。

2. 从传统环境管理到精准环境监管的转变

长期以来，中国的环境保护是传统的环境管理体系，在这个体系下，政府是环境管理的重要主体，发挥着保护环境的主导作用。然而，随着公众对环境保护关注的日益增加，以及对环境质量要求的逐渐提高，以政府为主导的传统环境管理模式逐渐失灵，尤其对于长江经济带这一中国经济互动最为活跃的经济地带，市场发挥着重要的主体作用。环保领域也是一样，只有开展以精准环境监管为核心的多元主体共同参与的新型环境治理模式，才能从根本上解决长江经济带的可持续发展问题。为此，《规划》提出，要明确各个主体在长江经济带环境保护中的作用，公众、社会组织和企业同样也是环境监管的主体，应参与到环境监管的各个环节中，形成一个多中心、多主体的环境监管体系。同时，《规划》提出，要将生态文明建设目标评价作为党政领导班子和领导干部综合评价及责任追究、离任审计的重要参考；要制定和完善生态环境保护的地方性法规，加大环境执法监督力度，推进联合执法、区域执法、交叉执法，强化执法监督和责任追究；要建立以生态保护红线监管平台为代表的监管平台，加强监测数据集成分析与综合应用，强化生态状况监测，预警生态风险。充分运用行政制度、司法体系和科学手段，形成一个多途径、多机制的环境监管体系。从传统环境管理到精准环境监管的转变，有助于长江经济带环境治理体系的构建，有助于综合利用各种环境监管手段，协调各方环境与经济利益，调动各个环境主体参与到长江经济带的生态环境保护中。

3. 从条块保护到系统保护的转变

要改变以前各自为政的保护，增强系统保护，就是要把长江经济带生态环境保护融入长江经济带发展建设的全过程。基于此，《规划》做出诸多安排，要把实施重大生态修复工程作为推动长江经济带发展的优选项目。加强国家重点生态功能区保护，整体推进森林生态系统保护，加大河湖、湿地生态保护与修复，加强草原生态保护，开展水土流失综合治理，推进富营养化湖泊生态修复。要自觉推进绿色循环低碳发展。鼓励企业进行改造提升，促进企业绿色化生产。推进绿色消费革命，引导公众向勤俭节约、绿色低碳、文明健康的生活方式转变。在《规划》中，系统的思维贯穿始终，从城市到农村，从江河到湖库，从河流湿地到森林草原，从水、大气到土壤，从上游、中游到下游，从生产、生活到生态，防治结合，水陆统筹，河海兼顾，工农同治，城乡并治，标本兼治，系统化思维成为整个规划的灵魂，串联起长江经济带生态环境保护的"完美乐章"。

4. 从目标思维到底线思维的转变

长江流域的生态环境以优化、提高生态环境质量为核心，以保护人民群众身体健康和生命财产安全为目标，严守资源利用上线、生态保护红线、环境质量底线。为此，《规划》明确提出，要制定产业准入负面清单，强化生态环境硬约束，确保长江生态环境质量只能更好、不能变坏，设定禁止开发的岸线、河段、区域、产业，实施更严格的管理要求。只有强化底线，严格约束，才能确保长江经济带生态功能不退化、水土资源不超载、排放总量不超标、准入门槛不降低、环境安全不失控。底线思维，是"有守"和"有为"的有机统一。

《规划》中底线思维的转变有助于摸清生态家底，评估环境资产，明确长江经济带未来发展中可承受的资源环境底线，严守底线。当然，底线思维并不意味着墨守成规，遇到问题绕着走，面对矛盾心发慌。《规划》中明确指出，对生态保护红线保护成效进行考核，结果纳入生态文明建设目标评价考核体系，这将使得党政领导班子更加有责任担当，怀着守住底线的决心，开展努力向好的行动。

5. 从各自为政到一体化的转变

长江经济带涉及水、陆、港、岸、产、城，以及生物、湿地、环境等多个方面，是一个整体，必须全面把握、统筹谋划。为此，《规划》提出，要统筹协调，系统保护。以长江干支流为经脉，以山水林田湖为有机整体，统筹水陆、城乡、江湖、河海，统筹上中下游，统筹水资源、水生态、水环境，统筹产业布局、资源开发与生态环境保护，构建区域一体化的生态环境保护格局，系统推进大保护。一体化生态环保的布局既有助于协调统筹各地改革发展、各项区际政策、各领域建设、各种资源要素，使沿江各省市协同作用更明显，又有利于促进要素在区域之间流动，增强发展统筹度和整体性、协调性、可持续性，提高要素配置效率，对于解决长江沿岸工业、港口岸线无序发展，确保长江经济带经济与环境一体化协调发展有着重要作用和深远意义。一体化不是《规划》所特有的，在长江经济带发展中，区域一体化、产业布局一体化、管理一体化，这些都是长江经济带发展的主基调。然而，在众多一体化中，生态环境保护的一体化尤为重要。如果说区域一体化和产业布局一体化是长江经济带经济发展的"良药"，那么生态环境保护一体化就是使"良药"奏效的"药引子"。因为，只有生态环境保护实现一体化，才能为经济一体化提供恰当的资源环境，促进经济一体化的长效发展。如果说管理一体化是长江经济带行政管理的核心，那么生态环境保护就是管理一体化的难点和重点，也是最能考察管理一体化实施效率的核心所在。可见，生态环境保护一体化不仅涉及长江经济带的环境保护，更是影响其他一体化完成与否和完成质量的关键。

（六）建设六项制度

"共抓大保护，不搞大开发"的关键在于具体的落实和实施，需要各级综合统筹协调和整体谋划，其关键点在于建设六项制度。具体而言，一是建设统一的生态环境监测网络，为长江经济带生态环境保护提供数据；二是推进生态保护补偿，为长江经济带生态环境保护确定机制；三是设立全流域保护治理基金，为长江经济带生态环境保护提供保障资金；四是开展资源环境承载能力监测预警评估，为长江经济带生态环境保护框定范围；五是实行负面清单管理，为长江经济带生态环境保护建立屏障；六是推进绿色发展示范引领，为长江经济带生态环境保护树立典范。

1. 监测平台

充分发挥各部门作用，统一布局、规划建设覆盖环境质量、重点污染源、生态状况的生态环境监测网络。加强地市饮用水水源监测能力建设，建立长江流域入河排污口监控系统。建立长江流域水质监测预警系统，加强水体放射性和有毒有机污染物监测预警，逐步实现流域水质变化趋势分析预测和风险预警。建立长江经济带区域空气质量预警预报系统，推动建设西南、华中区域空气质量预警预报平台。调整完善三峡生态与环境监测系统。强化

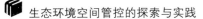

区域生态环境状况定期监测与评估，特别是自然保护区、重点生态功能区、生态保护红线等重要生态保护区域。提高水生生物、陆生生物监测能力。

2. 生态补偿

加大重点生态功能区、生态保护红线、森林、湿地等生态保护补偿力度。按照"谁受益谁补偿"的原则，探索上中下游开发地区、受益地区与生态保护地区横向生态保护补偿机制试点。继续推进新安江等流域生态保护补偿试点工作，根据跨界断面水质达标状况制定补偿标准，促进地方政府落实行政区域水污染防治责任。探索多元化补偿方式，将生态保护补偿与精准脱贫有机结合，通过资金补助、发展优势产业、人才培训、共建园区等方式，对因加强生态保护付出发展代价的地区实施补偿。

3. 环境保护基金

鼓励 11 省市人民政府共同出资建立长江环境保护治理基金、长江湿地保护基金，发挥政府资金撬动作用，吸引社会资本投入，实现市场化运作、滚动增值。采取债权和股权相结合的方式，重点支持环境污染治理、退田还湖、疏浚清淤、水域和植被恢复、湿地建设和保护、水土流失治理等项目融资，降低融资成本与融资难度。

4. 承载力预警

确定长江经济带环境容量，定期开展资源环境承载能力评估，设置预警控制线和响应线，对用水总量、污染物排放超过或接近承载能力的地区，实行预警提醒和限制性措施。2017 年起，开展县市资源环境承载能力监测预警试点。2020 年发布长江经济带资源环境承载能力监测评估报告。

5. 负面清单

长江沿线一切经济活动都要以不破坏生态环境为前提，抓紧制定产业准入负面清单，明确空间准入和环境准入的清单式管理要求。提出长江沿线限制开发和禁止开发的岸线、河段、区域、产业以及相关管理措施。不符合要求占用岸线、河段、土地和布局的产业，必须无条件退出。除在建项目外，严禁在干流及主要支流岸线 1000 米范围内布局新建重化工园区，严控在中上游沿岸地区新建石油化工和煤化工项目。严控下游高污染、高排放企业向上游转移。

6. 绿色示范

研究制定生态修复、环境保护、绿色发展方面的指标体系。在江西、贵州等省份推进生态文明试验区建设，全面推动资源节约、环境保护和生态治理工作，探索人与自然和谐发展的有效模式。以武陵山区、三峡库区、湘江源头区域为重点，创新跨区域生态保护与环境治理联动机制，加快形成区域生态环境协同治理经验。以淮河流域、巢湖流域为重点，加强流域生态环境综合治理，完善综合治理体制机制，加快形成流域综合治理经验。重点支持长江经济带沿江城市开展绿色制造示范。鼓励企业进行改造提升，促进企业绿色化生产。推进绿色消费革命，引导公众向勤俭节约、绿色低碳、文明健康的生活方式转变。

长江经济带是我国重要的生态安全屏障，走出一条绿色生态发展之路，事关中华民族永续发展。编制实施《规划》，就是深入贯彻习近平总书记系列重要讲话精神和治国理政的新理念新思想新战略，体现了国家对长江经济带生态环境保护的高度重视，是落实国家重大战略举措的迫切要求，是贯彻五大发展理念的生动实践，是《长江经济带发展规划纲要》在生态环境保护领域的具体安排，更是确保一江清水延绵后世的核心所在。只要我们深入理解《规划》思想、落实《规划》措施、加强《规划》保障，就定能确保一江清水绵延后世。

三、湾区生态环境保护工作要加强顶层设计*

"湾区经济"概念在 20 世纪末期诞生发展到今天，湾区业已成为带动全球经济发展的增长极，全世界经济总量的 60% 集中在港口海湾及直接腹地，75% 的大城市、70% 的工业资本和人口集中在距离海岸线 100 公里的地区。国外许多城市凭借有利的海湾资源条件，打造了诸多国际名城。推动湾区发展已然成为世界各国发展开放型经济、确立战略优势的重要经验。在机遇的垂青和时间的加持下，湾区的发展也走上了中国舞台，令外界有诸多的遐想和愿景，更是需要生态环境的强力支撑。

（一）湾区发展为何需要高度重视生态环境保护

在湾区发展中，要将生态环境保护置于相当重要的位置，主要基于如下三个原因：

第一，经济的快速发展都会给湾区带来严重的生态环境问题。旧金山湾、东京湾湾区都走过了先污染、后治理的路径。20 世纪 60 年代末，旧金山湾区每年的臭氧几乎超标百倍；2001 年之后，河口地区出现了多种鱼类数量急剧减少的情况。东京湾由于人口大量聚集，填海造地频繁，京滨、京叶

* 李晓熙，闫楠，杜雯翠，椋埏渝. 湾区生态环境保护工作要加强顶层设计及路径探讨 [J].环境保护，2018（18）：29 – 32.

临海工业基地污染物无序排放，从 1955 年开始有机污染急剧增加，造成了十分严重的环境污染，并引发了社会危机。这些告诉我们，湾区的确是推动经济快速发展的增长极，但也极易成为污染快速集聚的重灾区。尽管湾区往往自然资源丰富、生态环境良好，但工业和人口的快速集聚会给湾区生态系统造成极大压力。因此，推进实现湾区的可持续发展，生态环境保护工作尤为重要。

第二，世界上湾区生态环境治理历程呈现出了长期性和艰巨性。美国旧金山湾区走过了由制造业、港口等传统行业向高科技行业转变的发展过程，湾区经济对港口的依赖越来越小，能源和产业结构对生态环境的压力逐步降低。但是，经过 40 多年的控制，旧金山湾区的臭氧还是不能实现稳定达标，充分体现了环境污染防治本身的复杂和艰巨，需要进行长期的规划和不间断的投入。日本东京湾生态环境治理经历了三个阶段：恶化、重点治理、改善。可以看到，经历了 20 年的治理时间，东京湾才基本解决严重的环境公害问题，把恶化峰值降下来，大概再经历 30 多年走到改善阶段。由此可见，湾区生态环境如果遭到破坏，生态损害将是不可逆转的，要恢复到原本的生态本底质量可能性微乎其微。与巨额的生态修复和补偿相比，追求快速发展而收获的经济价值是杯水车薪、得不偿失的。

第三，在经济社会发展中湾区发挥着无可替代的示范、带动作用。大力推进湾区生态文明样板建设，深入探索可复制、可参考的方法和路径，必将进一步丰富新时代生态文明的内涵，为全国生态文明建设提供有益借鉴。不论是经济发展，还是生态环境保护，我们总是在试图寻找一个模式、一种样板。在经济发展上，湾区得天独厚的地理位置和自然条件，加上国家适当的开放政策，使湾区成为全国经济发展的标杆。同样的，这种标杆也适用于生态环境保护。如果将湾区这个具有复杂生态系统、复杂产业体系的独特区域的生态环境保护工作做好，其也将成为全国生态环境保护的标杆。

（二）当前湾区生态环境保护工作取得的进展

改革开放以来，渤海湾、杭州湾、粤港澳湾等依托区位优势，充分发挥区域内中心城市及城市群的带动和辐射作用，经济社会发展取得良好成效，逐步成为引领我国经济发展的重要引擎。尽管与东京湾、纽约湾、旧金山湾等国际先进湾区相比，还有较大差距，特别在生态环境质量方面，已成为我国湾区进一步发展的突出短板。但以粤港澳为代表的湾区，已经在生态环境保护上开始了探索，并取得了一些成就。

（1）规划引领。规划是进行区域调控和管理的重要工具，具有前瞻性、战略性、地域性和约束力。为解决区域环境问题，粤港澳湾区将环境治理纳入了粤港澳区域合作与发展的相关综合规划或专项规划之中，通过规划引领区域环境合作行动。2012 年，粤港澳共同编制实施了《共建优质生活圈专项规划》，以合作解决区域公共问题为出发点，设计了粤港澳区域合作的蓝图，奠定了区域环境合作的政策基础。

（2）协议推动。政府间的协议是若干个地方政府在平等协商、互惠共利和合意一致基础上达成的书面协议，是实现合作和解决争端的最为重要的区域协调机制之一。2017 年，国家发改委、广东省政府、港澳特区政府签订了《深化粤港澳合作推进大湾区建设框架协议》，明确提出要坚持生态优先、绿色发展，着眼于城市群可持续发展，强化环境保护和生态修复，推动形成绿色低碳的生产生活方式，将粤港澳大湾区建设成为宜居宜业宜游的优质生活圈。

（3）组织保障。任何机制的建立和实施都需要相应的人员安排和组织保障。粤港澳湾区环境合作是联席会议制度和环境工作小组两者相互结合，研究决定区域重大环境合作事项，达成协调合作关系。搭建了以联席会议制度为核心的合作机制，在这个框架下，通过健全和完善粤港、粤澳环保合作小组及其下设的各专项小组，细化和贯彻相关环境规划、协议和行动方案。其中，领导人联席会议是指导粤港澳环境合作的高层对话机制。

（4）工程支撑。 水环境治理是湾区环境治理的"重头戏"，这不仅涉及跨界河流治理，还关系近岸海域治理，需要一系列大设施、大工程支撑。以粤港澳湾区为例，深圳河治理、深圳湾治理、大鹏湾治理、珠江口治理等一系列治理工程的支撑是湾区环境质量改善的前提和基础。

（三）湾区生态环境保护的现状和典型问题

改革开放以来，渤海湾、杭州湾、粤港澳湾等依托良好的区位优势，通过发挥中心城市及城市群带动和辐射作用，已经成为引领我国经济发展的重要引擎，在世界经济格局中的地位也日益明显。以包含香港、澳门两个特别行政区和广东省广州、深圳、珠海、佛山、中山、东莞、肇庆、江门、惠州九市的粤港澳大湾区为例，从经济、社会、环境等多个角度对大湾区经济社会发展和生态环境保护的现状做出简单判断。

人均 GDP 遥遥领先，可能率先越过环境库兹涅茨 EKC 拐点。2003 年，粤港澳大湾区中广东九市的地区生产总值约为 1.15 万亿元，人均 GDP 为 3.9 万元，九个城市的 GDP 增速平均为 15.83%。2016 年，广东九市的 GDP 总量增加至 6.78 万亿元，是 2003 年的近 6 倍；人均 GDP 增加至 10.2 万元，是 2003 年的约 2.6 倍；九个城市的 GDP 增速平均为 7.83%。同期，2003 年，全国人均 GDP 仅为 1.05 万元，仅为广东九市人均 GDP 的 27%。2016 年，全国人均 GDP 增至 5.4 万元，是广东九市人均 GDP 的 53%。可见，广东九市的人均 GDP 一直是遥遥领先的，如果将香港和澳门考虑在内的话，粤港澳大湾区的人均 GDP 将会更高。EKC 认为，随着经济发展水平的提高，即人均 GDP 的增加，污染排放量呈现出先上升后下降的趋势。可见，发展是解决环境问题的根本所在，唯有发展，才能从经济结构和技术进步等多个角度改进生产方式和生活方式，尽早跨越 EKC 拐点。从粤港澳大湾区远远高于全国的人均 GDP 及其增长速度看，粤港澳湾区很有可能先于其他地区跨过 EKC 拐点，甚至可能已经接近拐点。从这个角度看，粤港澳湾区的生态环境保护有天然的经济基础和发展优势，较高的发展水平将为大湾区生态环境保护创造难得的时间窗口。

财政赤字不断扩大，环保资金来源即将吃紧。在粤港澳大湾区经济快速发展的同时，由于全社会基本公共服务的不断完善，以及人民社会福利水平的慢慢提高，其财政压力也在逐年加大。以广州为例，2003 年，财政赤字约为 245 万元；2016 年，地方财政赤字进一步扩大，增加至 2360 万元。可见，纵然是全国经济发展龙头之一的粤港澳大湾区，也同样面临财政支出增长快于财政收入增长，财政缺口逐年增大的问题，而这直接关系到粤港澳大湾区生态环境保护的资金来源。生态环境保护是一个典型的公共物品，由于非排他性和非竞争性，使得个人或企业不可能成为公共物品的提供者，这就要求政府承担起为人民提供环境保护的基本责任，实现这一职责的资金大部分来源于政府财政收入。因此，在人民对生态环境的需求日益增加，而地方政府财政压力不断加大的情况下，应当高度重视环境保护投资的资金筹集，为环境基础设施的建设提供充足保障，为生态环境治理创造更好的条件。如果解决不好这个问题，再完美的规划都将无法落地。

工业污染物差异化削减，环境质量差异化改善。近年来，粤港澳大湾区经济结构逐渐优化，以战略性新兴产业为先导、先进制造业和现代服务业为主体的产业结构已经形成。2003 年，第二产业占比约为 52%，第三产业占比为 39%。2016 年，第二产业占比下降至 47%，第三产业占比提高至 49%。经济结构优化调整的同时，粤港澳大湾区的工业污染也在逐年减少。以广州为例，2003 ~ 2016 年，广州市的工业废水排放量由 2003 年的 21213 万吨减少至 2016 年的 19326 万吨，年均削减 0.7%，削减量不多；工业二氧化硫排放量由 2003 年的 17.87 万吨减少至 2016 年的 2.07 万吨, 年均削减 15.27%, 削减速度超过全国平均水平。可见, 与京津冀等城市群面临的问题不同, 粤港澳大湾区的工业废气减排较为成功, 但工业废水减排效果不佳。同时, 2017 年, 粤港澳大湾区中广东九市空气质量达标天数比例在 77.3% ~ 94.8%, 平均为 84.5%, 较 2016 年上升 5%, 大气环境质量逐年改善。2017 年, 处于粤港澳大湾区的东莞、中山和珠海三个地级市的水质达标率为 0, 深圳、惠州和江门三个地级市的水质达标率在 33.3% ~ 91.7%。广东省 67 个近岸海域水环境功能区中, 有 10 个重度污染, 其中 8 个位于珠江口海域。可见, 粤港澳大湾区的环境问题是差异化的, 水和大气污染呈现出不同的变化趋势。

(四) 加强湾区生态环境保护的顶层设计的原则

要想有效解决湾区目前的生态环境问题, 规避未来可能的生态环境问题, 实现湾区的绿色发展, 首要任务是加强湾区生态环境保护的顶层设计, 具体而言, 应当遵循如下几个原则:

(1) 高度开放、包容发展。 开放性、包容性的特征应当成为湾区生态环境保护顶层设计的原则之一。坚持开放包容, 就是要在做好自身环保工作的同时, 积极开展国际交流与合作, 学习借鉴国际湾区生态环境保护的经验和做法。坚持开放包容, 就是要辩证地认识绿水青山与金山银山, 而不是将两者对立起来, 在人类文明的发展史上, 唯有绿水青山与金山银山的包容发展, 才能换来人类文明的进步。坚持开放包容, 就是要充分利用湾区开放度高的特点, 一方面严守外资引进门槛, 拒绝成为外商投资的污染避难所, 另一方面充分利用外商的技术优势和标准优势, 通过学习效应和扩散效应提升本土企业的环境技术和环保水平。

(2) 创新引领、政策驱动。 湾区经济高度开放, 易于汇集全球资金、人才与信息，催生大量的创新成果，推动新兴产业衍生与集聚，这是湾区经济发展的根本动力。近年来，粤港澳大湾区创新产出高速增长，根据国家知识产权局规划发展司公布的数据，2017 年前三季度粤港澳大湾区专利申请量为41.2 万件，同比增速高达35.7%，是全国（含港澳台地区）平均增速的4.5倍。湾区的创新能力不仅是推动经济增长的重要动力，还将成为其绿色发展的主要推手。坚持创新引领，就要推动企业生产技术的创新，发达国家的经验告诉我们，技术进步是解决能源和环境问题的根本所在，这需要污染排放的主体承担起技术创新的责任，用先进的能源技术和生产技术实现全过程治理。坚持创新引领，还要推动政府制度机制的创新，湾区的高速发展与改革开放的制度创新密不可分，未来湾区的绿色发展也需要制度创新的驱动。站在排污者的角度，创新环境经济政策，创新环境规制手段，创新环境监管方法，创新环境处罚方式，让制度创新从根本上影响排污者的利益和目标，从而促使其改变决策。

（3）**区域融合、联防联控**。湾区发展的特征之一就是区域内实现融合，湾区内的核心城市与周边城市能够形成良好的职能分工和互补协作，每个城市发挥其在高端服务、教育科研、生产制造、生态旅游上的特色优势，促进要素流动畅通。区域融合不仅体现为产业融合、文化融合，还关系到生态环境保护措施的融合。湾区内的生态系统是一个不可分割的整体，湾区在生态环境治理上已初步构建了合作框架，通过采取一系列行之有效的政策措施，取得了显著的工作成效，但区域的生态环境问题还仍然严峻：区域生态系统功能下降，跨界水污染仍然突出，空气污染形势依然严峻，部分近岸海域污染严重。为此，需要进一步完善湾区生态环境治理的组织机制，健全利益的协调和稳定功能，完善区域联防联控机制，建立陆海环境统筹机制，建立环境法治的兼容机制，通过区域生态环境保护的制度融合、机制融合、措施融合，来保障湾区生态环境质量的不恶化和大改善。

（4）宜业宜居、美丽湾区。 世界上很多著名湾区城市大多自然环境优美，临海依山适宜居住，环境优势加上文化氛围开放，非常易于吸引投资和新兴产业发展。可见，优美的自然环境和独有的港口资源是湾区发展的根本。然而改革开放以来，随着湾区内城市的快速扩张，大量的耕地、林地、湿地和水域等生态用地被侵蚀和占用，区内自然生态系统服务功能日趋下降，物种多样性不断降低，生态系统的自我调节能力日益变差。如果再不改善，原本的优势将变成劣势。要想实现持续发展，湾区的发展需要回归，回归美丽的本来，用美好的生态环境发展绿色经济，留住资源节约和环境友好的企业，吸引有利于可持续发展的投资。

（五）推进湾区生态环境保护顶层设计的路线图

高于全国平均水平的快速发展态势要求湾区生态环境保护的路线图要站得更高、望得更远，要制得更精、定得更准。

（1）大力开展绿色金融，拓展湾区环保投资来源。 作为一个典型的公共物品，政府是生态产品的提供者。环保产业的发展需要大量的前期投资资本且有较长的投资回收期，因此，环保产业必须有独特的融资渠道。然而近些年来，粤港澳湾区持续出现财政赤字，并呈现出扩大趋势。因此，推进湾区生态环境保护的顶层设计，首先需要解决生态环境保护的资金来源。绿色金融的相关政策可以在一定程度上缓解政府面临的融资瓶颈，一方面，通过现有的金融工具的改革和创新，对财政政策类型和绿色金融发展资金的募集可行途径进行探索；另一方面，通过现有的财政收入的管理和分配制度改革，重新配置财政资金的使用效率和方向。

（2）完善治水治污系统，抓住 EKC 拐点的好时机。 水资源是湾区的重要自然资源，水污染是湾区的治污难点。因此，应当依据湾区的开发特点、生态环境状况等，系统推进水资源利用、防洪、治污、生态修复等各项工作，努力加大投入力度，抓住重点、分步实施，全面推进水污染综合治理，务求在治水体制和生态补偿机制等方面获得突破，加快水环境质量全面改善。在生态修复方面，依托湾区现有的良好自然生态本底及海洋、湿地和森林资源，以跨界合作和机制创新为突破口，健全和完善山河湖海生态网络，建构起联系山体、城市、绿地和交通网络的生态轴线。

（3）构建区域合作体系，破解生态文明建设难题。要充分整合和发挥生态系统整体性的经济规模效应和治污规模效应，必须打破区域限制，把海洋环境保护与陆源污染防治结合起来，把准时机、精准时序，分清轻重缓急，找到突破口。实施区域内的共治共管，合理规划、扎实推进，强化不同环境政策之间的协同和协调，提高整体的环境规制效率。改革环境保护管理体制，建立陆海统筹的生态修复和污染防治区域联动机制，促进海洋环境保护与流域污染防治有效衔接，形成山顶到海洋、天上到地下的全方位监管模式，以流域为控制单元，建立流域环境综合管理模式，探索水质水量统一管理。

（六）湾区生态环境保护工作要注意处理好三个挑战

前路漫漫，尽管我国湾区生态环境保护工作已经取得了一定成就，但与发达国家湾区环境保护工作相比，还存在较大差距。在今后的湾区的生态环境保护工作中，面临着三大挑战，而这三大挑战，从另外一个角度看，更是三个机遇。

（1）生态环境保护政策、规划、标准和监测、执法、监督是合一还是统一。湾区生态环境保护最为重要的一个特点就是整体性，各项工作就要从这个整体性出发，开展生态保护修复和污染防治就要打破区域、海陆限制。通过大力统筹陆地与海洋保护，科学地把海洋环境保护与陆源污染防治有机结合起来，不断控制陆源污染，切实提高海洋污染防治综合能力，以促进流域、沿海陆域和海洋生态环境保护良性互动为基础，实现湾区生态环境保护政策、规划、标准和监测、执法、监督的"合众统一"，而非"多样统一"。之所以这样，是因为只有合而为一，合成一体，才能以湾区生态环境保护工作为核心，将各个利益主体的利益诉求捆绑在一起。否则，即便是实现了政策、规划、标准的统一，也可能会在出现问题时，发生为求自保，不顾区域整体的现象。

（2）**生活环境基本公共服务的共享机制避免回波。**环境基本公共服务是在一个发展阶段、在形成广大共识基础上，由政府提供的保障人民群众生存和发展等基本权益的最核心、最基础的公共服务。随着湾区经济社会的发展，环境基本公共设施越发完善，基本公共服务更加丰富，生态产品供给逐渐充足，完善的环境基本公共服务还能通过扩散效应，带动区域整体环境福利。然而，这种生活环境基本公共服务的共享机制有可能出现回波效应，即基本公共服务越来越向相对发达和富裕的地区集聚，而相对落后和贫困的地区环境基本公共服务出现弱化的现象，尤其是城乡差距被拉大。不可否认，地方财政相对充足的区域，其环境基本公共服务的提供也相对完善。但湾区的生态环境具有整体性，只要有一个区域的生态环境保护出现问题，就会对整个湾区的生态环境保护造成短板效应。因此，在湾区环境基本公共服务的提供过程中，应当加大统筹安排，从人的角度出发，按照人民的需求提供相应的基本公共服务，而不是按照财政能力提供可能的基本公共服务。

（3）**生态环境保护工作创新和容错机制。**通过对世界各地的创业研究发现，创业失败者下次成功率更高，只有更加大力支持那些不是由于因道德风险因素造成的创新、创业失败者，成功创新、创业的概率才会逐步增大，这对于创新湾区生态环境保护工作也同样适用。即使创新的理念、创新的政策在一个湾区暂时被认定是"失败"，也不能确定在另外一个地方不被尝试和采纳，也被定性为"失败"。同样，就是在一个湾区暂时被认定是"失败"

了，也不能表明在未来不被接受，被定性为"失败"。容错机制可以为湾区的创新者和创业者吃下"定心丸"，缴纳了保险，营造出敢于干事又有担当的良好氛围，让他们有动力、无顾虑地创新湾区生态环境保护工作。当然，宽容不是纵容，保护不是庇护。容错不是搞纪律"松绑""法外施恩"，不能拿容错当"保护伞"。合理"容错"必须充分考虑出发点、性质、过程、后果等要素，在严格甄别"为公"与"为私"动机和严格区分"工作失误"与"违法违纪"性质的基础上，科学划清"可容"与"不容"的明确界限，该容的大胆容，不该容的坚决不容。

四、把雄安新区建成国际环保标杆*

2017 年 4 月 1 日，中共中央、国务院决定在河北省雄县、容城、安新三个小县及周边部分区域设立雄安国家级新区，这是继深圳经济特区和上海浦东新区之后又一具有全国意义的新区，是千年大计、国家大事。雄安新区的设立意味着中国生态环境保护在新时期的新命题有了解决的新平台和新载体。改革开放近 40 年来，每个时代都有自己的命题和解决方案，也都有各自标杆性的解决平台和载体，而雄安新区将成为未来生态环境保护的国际标杆。

努力把雄安新区打造成为国际环保标杆，必须找准坐标系，明确战略任务和重点举措。这就需要我们深入学习贯彻习近平总书记治国理政新理念新思想新战略，坚持以"四个全面"战略布局为统领，以"创新、协调、绿色、开放、共享"的五大发展理念为引领，以提高生态环境质量为总纲，补齐补好短板、厚植发展优势、凝心聚力、加速赶跑、克难攻坚、拼搏奋进。

（一）树立国际环保标杆的重大意义

第一，从雄安新区自身来看，建设经济与环境协调发展的美丽新城不仅

* 杜雯翠，江河. 雄安新区国际环保标杆建设的机遇、挑战及路径［J］. 环境保护，2017（12）：39 –42.

是雄安新区总体规划的重点任务之一，更是保障各项重点任务顺利完成的前提和基础。 中华人民共和国成立后，区域发展战略就成为国家经济发展整体战略中的重要组成部分，以新区建设带动区域发展是实施区域发展战略的重要手段，被赋予了在特定历史时期实现国家战略的实验场和"排头兵"作用。截至目前，国务院先后批复设立了 19 个国家级新区，这些承载国家发展战略的新区，在撬动整个区域经济发展的同时，也见证了我国区域经济发展格局的变迁。然而，在经济发展的同时，作为工业高度集聚、经济体量庞大的区域范围，国家级新区也带来了混合性的环境污染问题，使得污染源更加集中、污染成分更加复杂、污染危险更加不可预测。

为此，雄安新区总体规划将"打造优美生态环境，构建蓝绿交织、清新明亮、水城共融的生态城市"列为七个重点任务的第二位，对雄安新区的绿色发展提出任务和要求，给雄安新区经济与环境协调发展定下了基调，也成为保障其他六个重点任务顺利完成的前提条件。首先，只有坚持打造优美的生态环境，才能为将雄安新区建设成为国际一流、绿色、现代、智慧的新城提供可靠的生态保障，这也正是雄安新区"新"之体现。其次，只有坚持打造生态和谐的宜居新城，才能为创新要素资源的吸纳创造良好条件，从而助力雄安新区高端高新产业的发展。再次，只有坚持提供更加完善、完备的环境基础设施建设，才能补齐雄安新区公共服务的短板，通过优质的公共设施建设，创建城市管理新样板。只有坚持生态文明建设，才能以绿色发展理念构建快捷高效交通网，全面打造绿色交通体系。只有坚持绿色发展理念，才能突破城市快速发展的怪圈，解决城市发展初期经济与环境的暂时性矛盾，打消地方政府在经济与环保权衡中的顾虑，从而更好地发挥市场在资源配置中的决定性作用，以及政府在解决市场失灵中的主体作用。最后，只有坚持划定并严守生态保护红线、永久基本农田和城市发展边界，才能避免成为京津冀功能疏解的避难所，才能在全方位对外开放的同时，守住开放底线，提高开放档次，打造扩大开放新高地和对外合作新平台。

第二，从京津冀城市群来看，雄安新区经济与环境协调发展有助于促进京津冀环保协同，进而推动京津冀协同一体化发展。生态环境治理与保护需要区域之间协同努力，经济与环境的协调发展反过来也会促进区域协同。雄安新区经济与环境协调发展对京津冀协同的作用主要体现在三个方面：

首先，雄安新区的高点定位有利于调动中央和地方积极性，实现经济与环境的协调发展，进而做好京津冀区域大气和水污染的联防联控，实现京津冀协同发展。生态环境治理是推进京津冀协同发展的重要内容，然而，京津冀大气污染的联防联控和环保协同仍然面临诸多挑战。由于京津冀的发展不平衡，使得三地的环保支付意愿，及其对待环境保护的态度也不尽相同，在污染联防联控中的责任分工不清晰、成本分担不合理、成果分享不充分使得京津冀的联防联控还没有发挥应有作用。雄安新区的环保标杆建设有助于突破行政区划和条块分割的掣肘，率先在生态修复和环境综合治理上实现统一规划、统一标准、统一监测、统一执法，有效抑制京津两大城市对周边地区的"虹吸效应"，在经济上形成新的引擎和均衡，在环保上形成新的据点和屏障。

其次，雄安新区经济与环境协调发展取得积极成效，将对京津冀其他地区形成示范，促进更大范围生态环境保护的协同推进，在实践中达到事半功倍。近些年来，在历次全国重点城市空气质量指数排行榜上，京津冀及周边地区始终是污染最重的区域。尽管京津冀地区已经下大决心治污减排，并取得了显著成果，但距离人民群众满意的环境质量还有一定差距。雄安新区国际环保标杆的建设将对京津冀地区的其他城市形成很好的示范效应，它将是京津冀环保协同的一剂强心针，针对大气、水等突出问题，制定中长期的路线图和治理方案，依据不同区域的环境功能，制定严格的环境准入条件，提升新区绿色发展水平，从京津冀腹地实现生态环境治理的新突破，有效带动其他城市尽快实现经济与环境的协同发展。

最后，雄安新区经济与环境协调发展有利于补齐区域发展短板，调整优化京津冀城市布局和空间结构，打造全国创新驱动发展新引擎，加快实现构建京津冀世界级城市群的目标。从整个京津冀区域来看，河北省的环境基础设施建设是最薄弱的，这也是造成京津冀环境治理短板效应的重要原因之一。雄安新区的建设将集聚京津冀地区的各种优质资源，高标准建设环境公共服务体系，发展公共交通和减少小汽车数量，解决环境基础设施叠入及避免邻避效应等问题，加快环境基础设施建设，通过负面清单、环境标准、环境法规等引导、约束排污主体的经济行为，建立覆盖全面的排放许可制，补齐京津冀区域发展短板，从根本上推动京津冀区域的环保协同和一体化发展。

第三，从全国范围来看，雄安新区国际环保标杆建设将为全国生态环境保护提供新思路、新方法、新理念，全面提升环境质量。 自党的十八大首次将"美丽中国"作为生态文明建设的宏伟目标，把生态文明建设摆上了中国特色社会主义"五位一体"总体布局的战略位置以来，我国生态环境保护事业得到了快速发展，环境治理力度不断加强，环境法治建设逐渐深化，环保投资水平逐年提高。但在一些工业化发展较为快速的地区，环保部门的努力与环境质量的改善却时常不对称。这些地区减排力度很大，但由于环境本底不够好，经济总量又很大，产业结构偏重，使得环境质量仍然较差，例如河北、天津、北京、广东、江苏、山西、上海、四川、湖北等地区。以河北为例，四种约束污染物的减排率分别为4.8%、5.3%、6.8%和10.69%，均高出全国平均水平，但如此大的减排力度只有全年52%的达标天气，地表劣Ⅴ类水体的比例也接近25%。可以说，这类地区已经陷入环境治理的困境。要想摆脱困境，我们不仅需要坚定不移的信念，还需要解题思路的转变，雄安新区国际环保标杆建设就是将环境治理的困境推倒，重新破题。可见，将雄安新区建成国际环保标杆对于全国其他地区，尤其是处于环境治理困境的工业省份将是新的契机。

（二）雄安新区国际环保标杆建设中的机遇与挑战

将雄安新区建设成为国际环保标杆不仅存在机遇，也面临重重挑战，机遇大于挑战。机遇在于如下几个方面：

第一，一张白纸好画图。雄安新区下辖的三个县周边是平原，簇拥着华北地区最大的淡水湖白洋淀，资源环境承载力较强。同时，雄安新区现在还是白纸一张，受到各方面利益牵绊比较少，这也有助于机制体制的创新和环境利益的保障。可见，雄安新区有条件，也有能力打造优美生态环境，构建蓝绿交织、清新明亮、水城共融的生态城市。当然，正因为雄安新区是一张白纸，我们才更应该倍加珍惜、谨慎落笔，切实做到先谋后动，充分考虑雄安新区在发展过程中可能遇到的环境问题，将规划做长、做宽、做细，利用新区生态环境保护规划等相关规划约束政府和经济主体的无序建设和盲目扩张行为，确保一张蓝图干到底。

第二，千年大计聚全力。雄安新区的建设是千年大计，一方面意味着规划建设雄安新区既是一项历史性工程，又是一项巨大的系统工程；另一方面也意味着雄安新区的建设受到党中央的高度重视，以往在京津冀三地之间难以协调的环保问题也可能迎刃而解，以往京津冀城市群"大树底下不长草"的尴尬也将消除，这就使得在一段时间内，京津冀地区、全国各地，甚至全球的高端人才、高端产业、高端资源都将向雄安新区源源不断地转移输送，这就从根本上拒绝了高污染、高耗能的企业。当然，雄安新区对全国高端资源的重新配置和集聚作用应当更多地依靠市场配置资源的作用来实现，说到底还是通过公共基础设施建设的完善和机制体制的创新形成对优质资源的带动和吸引力。

第三，京津保驾担成本。长期以来，生态环境保护一直是京津冀发展的一块短板，是最大的瓶颈。大气污染、土壤污染、水污染、水土流失、地下水下降等问题，严重制约了三地的经济社会发展。尤其是河北省，由于钢铁、火电、焦化等高耗能、高污染企业的过于集中，使得河北省成为京津冀地区最大的雾霾输入来源，也是京津冀地区雾霾联防联控过程中的重点和难点。因此，解决京津冀地区的大气污染，仅靠北京和天津是不够的。尽管三地的大气联防联控成功缔造了 APEC 蓝、阅兵蓝、"一带一路"蓝，但应急管理并不是环境管理的日常，也没有一个地区的老百姓理应为其他地区的蓝天而丢掉饭碗。因此，要想让阅兵蓝成为常态蓝，最根本的还是需要通过外部成本共担，解决跨界污染问题。如何判断三地人民的环保支付意愿，如何计算三地政府的环保支付能力，如何建立三地环保转移支付机制，这些问题的解决对解决城市群跨境污染都是迫切急需的。雄安新区国际环保标杆建设将成为京津冀跨界污染治理的试验场，没有既有利益的牵绊，没有地方政府的推诿，治理跨界污染的市场化手段将得到有效发挥。

尽管将雄安新区建设成为国际环保标杆带来了诸多机遇，但挑战不容忽视，如果不能很好地解决这些挑战，雄安新区很有可能成为下一个污染重灾区。一方面，雄安新区的现有环境污染也不容忽视。根据公众环境中心污染企业的监管纪录，安新县有 15 家违规污染企业，集中在纺织、有色金属、造纸行业；雄县有 10 家违规污染企业，集中在造纸、五金、塑料制品行业；容城县主要是污水处理的排污污染。除此之外，一些无证无照小企业乱排乱放，导致地面水环境受到严重污染，这些现有污染都是亟须解决的。另一方面，周边地区对雄安新区环境质量的影响也是无法避免的。雄安新区地处保定，规划范围涵盖雄县、容城、安新等县及周边部分区域。雄安新区的地理位置，使得雄安新区的生态环境不可能脱离周边环境而独善其身，周边地区的环境污染将直接影响雄安新区的环境质量。可见，雄安新区要想建设成为国际环保标杆不仅要靠自身的环境建设，还依赖于周边地区的环境建设，两者相互促进，却也相互制约。

（三）奋力将雄安新区建设成为国际环保标杆

（1）要切实增强雄安自信，在生态环境保护排头兵上树标杆、寻突破。 将雄安新区建成国际环保标杆，就要破除思维惯性，认识和尊重经济、自然、社会三大规律，提高工作的科学性，进一步解放思想、转变观念，以新理念引领新发展。要从动态性、统筹性的视角出发，使人口和经济发展的规模、结构、空间布局同资源环境承载能力相适应；要认识、尊重和顺应发展的科学规律，寻求适合于各个地方的合理的发展方式和发展路径。树立绿色发展的理念，其核心是以可持续发展、健康发展为目标，处理好发展与环境的关系。有了绿色发展的理念，才会有绿色发展的行动，理念越统一，行动就越统一，理念越坚定，行动就越有力、越到位，理念和行动要实现高度的统一和协调，这就是雄安新区建设的初心，也是雄安自信。

（2）要着力拓展区位和空间潜力，在功能疏解上树标杆、寻突破。 将雄安新区建成国际环保标杆，不仅有利于走出人口、资源、环境承载超限的城市发展之困，而且有利于加快补齐区域发展短板，调整优化京津冀城市布局和空间结构，打造全国创新驱动发展新引擎，加快构建京津冀世界级城市群目标的实现。值得关注的是，在雄安新区"绿色生态宜居新城区、创新驱动发展引领区、协调发展示范区、开放发展先行区"的发展定位中，以"人"为本的理念放在了首位，在强调"绿色生态宜居"这一人本价值的基础上，突出了创新驱动的发展路径。因此，将雄安新区建成国际环保标杆就要一方面着力拓展区位和空间潜力，成为京津两地功能疏解的有力推手，另一方面强化环境规制，用环境标尺决定哪些产业和功能可以疏解进雄安新区，哪些产业和功能绝不放行。

（3）要深入挖掘得天独厚的自然生态禀赋，在美丽雄安建设上树标杆、寻突破。将雄安新区建成国际环保标杆，这不仅包括软硬件的高大上，如通过高起点的规划实现绿色环保智慧开放包容等目标，还应包括生态环境治理方面的探索，雄安理应在水环境治理、湿地保护、治理现代化等方面先行一步。作为京津保中心区生态过渡带，雄安新区应合理调减耕地规模，适当增加生态用地比重。以调整种植结构为抓手，适度退出保护地周边耕地和土壤污染严重区耕地。要探索实践北方缺水地区的海绵城市、低冲击开发城市、绿色低碳城市、共享城市等城市建设方式，建设生态组团构成的绿色城市。以主要交通干线、河流水系等绿色廊道为骨架、以村镇为组团，用大网格宽林带建设成片森林和恢复连片湿地，恢复白洋淀湿地，扩大生态空间，整体构建环首都生态圈，扩大绿地面积，提供宜居环境，建设美丽雄安。

（4）要大力弘扬新时期环保精神，在加快治理上树标杆、寻突破。将雄安新区建成国际环保标杆，就要树立系统思维，构建"源头控制、过程监管、末端治理"同步进行的环境管理链条，系统推进各方面工作。要按照全生命周期理念，在产品设计开发阶段系统考虑原材料选用、制造、销售、使用、处理等可能对环境造成的影响，力求产品在全生命周期中最大限度降低资源能源消耗。要强化环境法治建设，健全监管体系、增强监管力量、提高监管效率，及早研究和有效强化事中、事后监管的相关措施，尽快实现从重集中整治、轻日常监管向经常性、制度化动态监管转变，从重投诉查处、轻前期监管向防范在先、关口前移转变，从部门监管、专业化监管向群众监督、社会共治转变。要突出整治重点区域和重点对象，加大对群众反映强烈问题的整治力度，着力解决带有行业和区域共性的安全隐患及潜在风险。

（5）要加快补齐公共产品供给、政府服务的"短板"，在软环境上树标杆、寻突破。一张白纸好画图，雄安应成为实现环境均等化的样板。雄安新区现有的环境基础设施较为薄弱，这其实为雄安新区未来环境基础设施规划建设提供了便利。雄安新区的环境基础设施建设应该是均等、长远、绩效优先。首先，环境基础设施的均等就要杜绝隐性的等级制，打破区域划分的藩篱，让每一寸土地、每一个公民都平等享受环境基础设施与环境公共服务。其次，环境基础设施的长远就是要充分考虑雄安新区长期以来的人口与经济发展趋势，留足发展空间。最后，环境基础设施的绩效优先就是要提高环境基本公共服务的供给质量，既增加供给数量，又提高供给质量，既确保城市活力，又能实现社会公平。

（6）要总结提升社会治理创新的经验和做法，在推进治理体系和治理能力现代化上树标杆、寻突破。 将雄安新区建成国际环保标杆，就要全面提升环境治理能力现代化。一方面，环境治理能力必须与雄安新区的经济社会发展水平相匹配。重点是要将市场和社会纳入环境治理的主体范畴，遵循市场经济发展的客观规律，畅通社会力量参与国家环境治理的渠道，构建政府、市场、社会相互制约、相互支撑、相互促进的多元共治体系。另一方面，环境治理能力必须与人民群众需求相匹配。在环境治理体系建设和完善中，要注重保障和改善环境质量，最大限度增加和谐因素，激发社会组织活力，形成一套政府治理和社会自我调节、居民自治良性互动模式，解决好人民群众最关心最直接最现实的利益问题。

"一万年太久，只争朝夕"，千年大计始于足下。我们完全有理由期待雄安新区在志存高远而又脚踏实地的发展进程中为生态环境保护推出一个国际标杆。

五、精准把握"雄安质量"的生态环境内涵

2018 年 4 月 20 日，中共中央、国务院对《河北雄安新区规划纲要》的批复向社会公布，国内外社会各界对此高度关注。规划建设雄安新区，指导思想是着眼建设北京非首都功能疏解集中承载地，创造"雄安质量"，打造推动高质量发展的全国样板。从"深圳速度"到"雄安质量"，改革开放 40 年，中国经济发展正由高速增长向高质量发展转变，这是一个战略转变，更是经济社会发展模式的历史性变革。"雄安质量"本质是要实现更高质量、更有效率、更加公平、更可持续的发展，对生态环境提出了更高要求，"雄安质量"具有了生态环境内涵。高质量的生态环境是"雄安质量"的目标之一，也是实现高质量目标的保障和前提，更是检验"雄安质量"的一把不会说谎的标尺。

"雄安质量"的生态环境内涵是什么？从生态环境角度精准把握"雄安质量"，微观上要通过更加严格的环保标准和环境规制，促进企业自主创新，改进生产工艺，提高全要素生产率，推动企业形成绿色生产方式，还要大力宣传绿色消费，推动个体形成绿色生活方式；中观上要从行业入手，利用产业准入负面清单制度严把产业入口，利用环保投资助推环保产业发展，利用产品名录优化产业结构；宏观上要着眼空间，充分利用空间、创造空间、保护空间，充分利用空间管控措施，让有限的空间迸发出无限的力量，让有界的空间发挥无界的效力。鉴于此，"雄安质量"的生态环境内涵包括四个层

面：一是供求，要提高生态环境的供给质量，促进生态供给和需求在更高水平平衡；二是机制，要充分发挥市场对生态环境要素配置的决定性作用；三是效率，要实现高质量的投入产出，提高环保投入的效率；四是布局，要实现生态环境服务和产品均等化，提高全社会共享水平。

如何精准把握"雄安质量"的生态环境内涵？一要坚持党对生态环境工作的集中统一领导，生态环境从本质上讲是公共物品，只有坚持党的集中统一领导，才能将雄安的各种配套资源集中起来，攥紧拳头办大事。二要坚持以人民为中心的思想，人民是美丽中国的建设者和受益者，是生态环境建设的核心要义，更是雄安新区生态环境工作的出发点。三要坚持立足雄安实际，世界上没有放之四海而皆准的方法，更没有包治百病的"灵丹妙药"，雄安的生态环境、气候条件、资源禀赋有自身特点，雄安生态环境工作可以汲取其他地区的经验与教训，但绝不可能照抄照搬而一劳永逸，雄安生态环境工作要走出雄安之路。四要坚持正确的工作策略和方法，不仅需要党的集中统一领导和正确的思想指导，还要有一套正确的工作策略，准确的工作方法，高效的工作团队，凝聚的工作精神，良好的工作氛围，这些都是"雄安质量"的生态环境内涵的应有之义。

精准把握"雄安质量"的生态环境内涵，要正确处理好四个关系：一是处理好新技术、新产品、新业态与生态环境基础设施提质增效的关系，随着基础设施建设的日益完善，"有没有"已不是基础设施建设关注的要点，"好不好"才是重点所在，由于运行成本高、维护投入大，有些基础设施是"看起来很美""用起来很贵"，雄安的生态环境基础设施不仅要保证数量，还要保证质量，提高设施使用效率，降低使用成本，共享使用方式，让基础设施建设为新技术、新产品、新业态服务，不会成为新发展的门槛变量。二是处理好生态环境产品质量提升和生态环境服务质量提升的关系，生态环境产品和服务是人们对雄安样板的需求，也是满足人们日益增长的生态环境需求的重要途径，既要提供充足、优质的生态环境产品，还要保障生态环境服务的优质到位，生态环境产品是生态环境服务的重要依托，生态环境服务则是保障生态环境产品发挥效用的重要措施。三是处理好城市与乡村生态环境质量提升的关系，一直以来，城乡二元结构不仅体现在经济增长上，还体现在社会发展的方方面面，雄安样板不仅要有美丽城市，还要有美丽村庄，城市与乡村应齐头并进，一个也不能掉队。四是处理好经济社会发展与环境质量提升的关系，经济增长和环境保护是伴随着经济增长而发展起来，从矛盾到统一，从制约到和谐，经济社会发展与环境质量提升的关系在不同的发展阶段、不同的历史时期有着不同角度的诠释，当前，我们牢记"绿水青山就是金山银山"，就等于抓住了解决经济社会发展与环境质量提升关系的金钥匙。

"云霞出海曙，梅柳渡江春。"创造"雄安质量"，时不我待，其不仅是雄安的质量，更是未来中国的质量，精准把握"雄安质量"的生态环境内涵，不仅关系到雄安的生态环境工作，还将对深入推进新时代中国特色社会主义生态环境工作发挥重要引领作用。